航空母舰

田小川　吴纯清 ◇ 主　编
李远达　黄洺　唐　颖 ◇ 副主编

AIRCRAFT
CARRIER

科学普及出版社
·北京·

图书在版编目（CIP）数据

航空母舰 / 田小川，吴纯清主编；李远达，黄湉，唐颖副主编 . -- 北京：科学普及出版社，2024.4（2025.5 重印）
ISBN 978-7-110-10678-5

Ⅰ . ①航… Ⅱ . ①田… ②吴… ③李… ④黄… ⑤唐… Ⅲ . ①航空母舰—世界—普及读物 Ⅳ .
① E925.671-49

中国国家版本馆 CIP 数据核字（2023）第 245514 号

策划编辑	韩　颖
责任编辑	彭慧元
图片主编	佟　旭
封面设计	锋尚设计
版式设计	锋尚设计
责任校对	张晓莉
责任印制	徐　飞

出　　版	科学普及出版社
发　　行	中国科学技术出版社有限公司发行部
地　　址	北京市海淀区中关村南大街 16 号
邮　　编	100081
发行电话	010-62173865
传　　真	010-62173081
网　　址	http://www.cspbooks.com.cn

开　　本	710mm×1000mm　1/16
字　　数	194 千字
印　　张	11.5
版　　次	2024 年 4 月第 1 版
印　　次	2025 年 5 月第 2 次印刷
印　　刷	北京顶佳世纪印刷有限公司
书　　号	ISBN 978-7-110-10678-5/E・50
定　　价	75.00 元

（凡购买本社图书，如有缺页、倒页、脱页者，本社发行部负责调换）

序　言

　　航空母舰（以下简称"航母"）是以舰载机为主要作战武器的大型水面舰艇，它的出现标志着世界海上力量发生了从制海到制空制海相结合的革命性变化。航母是目前世界上海军最庞大、最复杂、威力最强的武器装备之一，研制航母的能力是一个国家综合国力的象征，是维护国家主权、保障国家海洋权益、适应国家国防战略的核心力量。美国著名军事理论家阿尔弗雷德·塞耶·马汉在其著作《海权论》中提出，"谁控制了海洋，谁就控制了世界"，海防对国家的重要性不言而喻。

　　航母集成了船舶、航空、电子、机械、材料、冶金、化工等多个领域的高新技术，是一个复杂的巨系统工程，研发和建造航母需要巨大的经济投入和技术实力，因此当前世界上拥有航母的国家并不多。航母有效参与作战的关键在于舰载机，舰载机可以执行防空、反潜、反舰、对地攻击等多种作战任务，不同舰载机的起降方式也有所差异。为此，航母研制不仅涉及总体技术、动力装备、指挥控制、武器系统等，还包括有别于其他水面舰艇的舰机适配装备技术。主要适配装备技术包括：为保障舰载机的移动空间，航母须不断优化飞行甲板与上层建筑布置，提升总体设计与装备技术能力；现代航母设置电磁弹射器与先进拦阻装置，满足不同型号舰载机的起降需求，并为未来的无人机上舰提供保障。新型核反应堆在航母上的应用，对于提供航母的持久作战能力和生存能力具有重要意义。人工智能、无人控制等先进技术在指挥控制系统中的应用，赋予了航母"智慧大脑"，是21世纪新型协同作战的制胜法宝。

　　本书以问答的形式，概述了航母的发展脉络及多样化任务，详细介绍了世界现役航母及舰载机的研制背景和型号特点，对比阐述了常规动力与核动力航母在总体布置、结构设计、作战能力等方面的差异，列举了航母配备的先进作战指挥与控制系统，从信息处理、分析、决策和协调等方面梳理了智能技术在新型战争中的应用，解读了航母的航空保障、后勤保障与维修保障系统的重要作用。内容翔实、逻辑清晰、图文并茂，为读者提供了丰富全面的航母科普知识，使读者能够更加深入地了解航母这一强大的海上武器装备。

本书适合广大官兵在面对新时期复杂的国际环境与军事斗争需求时，加深对航母装备与技术的了解，同时适用于舰船科研人员、军事爱好者等阅读参考，对广大青少年亦是一本通俗易懂的科普书。

中国工程院院士

目 录

什么是航空母舰……………………………………………… 001

航母经历了哪些发展阶段…………………………………… 002

如何看待航母在现代海上作战中的应用…………………… 005

航母编队如何进行防空作战………………………………… 006

航母编队如何进行反舰作战………………………………… 009

航母编队如何进行反潜作战………………………………… 010

航母编队如何进行对陆打击………………………………… 012

航母编队非战争任务的优势有哪些………………………… 014

非战争期间航母需要完成哪些训练及演习任务…………… 016

世界各国海军现役航母及其搭载的舰载机有哪些………… 018

美国在第二次世界大战后为何研制核航母………………… 022

美国"尼米兹"级核动力航母的设计特点是什么………… 023

美国"尼米兹"级核动力航母舰载机联队概况…………… 026

美国"福特"级核动力航母的研制背景…………………… 028

美国"福特"级核动力航母有哪些特点…………………… 029

美国"福特"级核动力航母采用了哪些新技术…………… 030

为什么说美国"福特"级核动力航母先天不足…………… 033

美国核动力航母装备了哪些战斗机……………………………… 033

美国核动力航母装备的预警机性能如何…………………………… 035

美国核动力航母装备的反潜直升机性能如何……………………… 036

美国核动力航母装备的电子战飞机和运输机性能如何…………… 038

英国海军"伊丽莎白女王"号航母的研制背景…………………… 039

英国"伊丽莎白女王"号航母装备了哪些舰载机………………… 041

法国为什么发展核动力航母………………………………………… 044

法国"戴高乐"号核动力航母的设计特点………………………… 046

法国"戴高乐"航母装备了哪些舰载机…………………………… 047

俄罗斯（苏联）研制的核动力航母………………………………… 049

俄罗斯"库兹涅佐夫"号航母装备了哪些舰载机………………… 051

印度"维克拉玛蒂亚"号和"维克兰特"号航母………………… 054

印度"维克拉玛蒂亚"号航母为何选定米格-29战斗机………… 054

印度"维克兰特"号航母如何选择舰载机………………………… 057

泰国"查克里·纳吕贝特"号航母及其装备的

"鹞"式战斗机……………………………………………………… 059

世界上第一艘全通式飞行甲板航母………………………………… 060

航母的飞行甲板分类………………………………………………… 061

"企业"号核动力航母的飞行甲板和机库………………………… 062

美国海军"尼米兹"级核动力航母飞行甲板的特点……………… 064

美国海军"福特"级航母与"尼米兹"级航母的

飞行甲板有何不同……………………………………… 066

核动力航母的"岛"式上层建筑为什么越来越小……… 067

"企业"号航母的岛式上层建筑具有什么特点………… 068

"尼米兹"级航母的岛式上层建筑具有什么特点……… 070

"企业"号航母的总体结构与布置……………………… 071

"尼米兹"级核动力航母的总体结构与布置…………… 072

美国海军最后一艘常规动力航母是何时退役的……… 074

世界上第一艘核动力航母的研制背景………………… 076

核动力航母相比常规动力航母具有哪些优势………… 077

航母的核动力装置是如何工作的……………………… 078

航母核动力推进技术的特点…………………………… 080

美国海军"福特"级核动力航母动力装置具有哪些优势…… 080

"尼米兹"级核动力航母较"企业"号在动力上有什么改进… 081

英国"伊丽莎白女王"号航母的动力装置具有哪些特点…… 082

美国航母指挥体系的构成……………………………… 084

美国海军航母编队采用何种指控系统………………… 086

美国海军正在实施的"海军作战体系架构"…………… 087

美国海军研发的新一代舰载指控系统………………… 088

战术旗舰指挥中心和旗舰数据显示系统……………… 089

航母情报中心和反潜战情报中心有哪些用途……………………… 090

美国航母上的战略战役情报系统是如何工作的……………… 092

航母上的作战指挥中心和空中交通管制中心…………………… 093

"协同作战能力"系统是如何实现协同作战的 ……………… 096

"海军一体化火控-防空"系统和

"海军一体化火控-反潜"系统 ………………………………… 098

美国海军水下作战辅助决策系统有哪些作用………………… 100

美国海军AN/SQQ-89综合反潜作战系统和

MK-116反潜火控系统 …………………………………………… 102

美国海军的艇载反潜火控系统是如何发展的………………… 104

美国海军航母上的信息基础设施有哪些……………………… 105

法国航母的指挥控制系统有哪些……………………………… 107

航母舰载机的起飞和着舰作业是如何完成的………………… 109

航母舰载机弹射器经历了哪些发展阶段……………………… 109

航母舰载机的蒸汽弹射器与电磁弹射器的优缺点…………… 111

"福特"号核动力航母为何采用电磁弹射器 ………………… 113

"企业"号核动力航母的弹射器有何特点 …………………… 114

"尼米兹"级核动力航母采用的蒸汽弹射器 ………………… 114

航母的阻拦装置………………………………………………… 115

"企业"号与"尼米兹"级核动力航母的阻拦装置 ………… 115

美国航母舰载机的助降有哪些方式……………………………… 117

航母舰载机是如何执行调运任务的……………………………… 119

航母的飞机升降机结构及作用机理……………………………… 120

美国典型航母的飞机升降机及机库布置………………………… 122

不同尺度航母的机库存在哪些差异……………………………… 124

航母后勤保障系统的必要性……………………………………… 125

航母本舰需要哪些保障资源……………………………………… 126

航母编队需要哪些保障资源……………………………………… 128

美国海军的海上补给体系………………………………………… 130

航母编队采用怎样的保障方式…………………………………… 131

航母编队如何进行后勤维修保障………………………………… 133

航母的保障装备有哪些…………………………………………… 135

航母母港的特征与分类…………………………………………… 137

航母的维修保障体系及其发展趋势……………………………… 139

美国航母甲板上的"彩蝶"们如何区分工种…………………… 142

航母舰员平日穿什么……………………………………………… 144

航母上有哪些食品种类…………………………………………… 145

航母舰员在舰上怎么住…………………………………………… 146

航母舰员有哪些娱乐设施………………………………………… 147

航母上如何就医…………………………………………………… 149

美国航母的数量及部署情况如何……………………………… 150

美国海军为何要建立"舰队反应计划"…………………………… 152

"舰队反应计划"的优势主要体现在哪些方面 ………………… 155

"舰队战备训练计划"是什么 …………………………………… 157

"舰队反应计划"对水面舰艇维修具有怎样的影响 ………… 159

舰员级维修的主要内容是什么 ………………………………… 161

美国海军保证中继级维修能力的措施 ………………………… 162

美国核动力航母的基地级维修有何特点……………………… 163

美国常规动力航母和核动力航母的基地级维修有何区别…… 165

如何理解美国航母全寿期维修管理的任务分工……………… 167

如何制定全寿期维修管理方案 ………………………………… 169

什么是航空母舰

1903年12月17日,莱特兄弟驾驶着他们发明的可以称之为飞机的装置第一次试飞成功。此后,在总统西奥多·罗斯福的敦促之下,美国于1908年开始着手对莱特式飞机改进,使之能够用于陆上作战,从而引发了飞机上舰的一系列后续试验与大胆尝试。

航空母舰的概念可追溯到1909年,当时法国发明家克雷芒·阿德尔出版了《军事飞行》一书。在书中,他曾这样描绘未来的海战场:"一种载机的战舰将必不可少。这种舰同现有的舰型完全不同,首先是甲板上没有什么障碍物,适于飞机着舰……这种舰的航速至少与巡洋舰相同,甚至还要超过巡洋舰。机库必须布置在甲板之间。两甲板之间由与机翼折叠的飞机的长宽相适应的升降机相连接……飞机用来起飞的舰的前端是开阔的,舰的后端也是很光顺的。"这个构想在当时曾引起轰动。

首次完成飞机起降的"暴怒"号成为历史上第一艘航母

航空母舰是以舰载机为主要作战装备的大型水面舰艇。舰体通常拥有巨大的甲板和设置在右舷侧的舰岛，航母一般是一支航母编队群的核心舰船，舰队中的其他舰艇为其提供保护和供给，而航母则提供空中掩护和远程打击能力。发展至今，航母已是现代海军不可或缺的装备，也是海战最重要的舰艇之一。航母可以在远离国土的地方，不依靠陆上机场对军事目标施加军事压力和进行作战。建造航母涉及航空、航天、船舶、兵器、电子、核能等国防工业领域以及冶金、化工等基础工业，是一个国家综合国力的象征。

航母按任务分类可分为：①攻击航母：主要搭载战斗机和攻击机，执行反舰、对陆攻击等任务；②反潜航母：主要搭载反潜直升机和固定翼反潜机，执行反潜任务；③护航航母，多为轻型航母，主要为运输船队护航；④多用途航母：既载有直升机，又载有战斗机和攻击机，可执行多种任务，现在各国装备的航母多为多用途航母。

航母按排水量分类可分为：①大型航母：排水量6万吨及以上；②中型航母：排水量3万～6万吨；③轻型航母：排水量3万吨以下。

航母按舰载机起飞分类可分为：①固定翼飞机弹射起飞航母：可以搭载常规起降方式的固定翼飞机；②固定翼飞机滑跃起飞航母：能起降固定翼飞机、直升机或是可以垂直起降的固定翼飞机。

航母按动力装置分类可分为：①核动力航母：以核反应堆为动力装置；②常规动力航母：以蒸汽轮机或燃气轮机为基本动力。

航母经历了哪些发展阶段

航母的发展历程也是现代海军技术发展的缩影。纵观航母百年的发展史，经历了改装、新建，从小到大，从常规动力到核动力，从功能单一到多用途的发展过程，可总结为以下发展阶段。

典型的"准"航母(近)与固定翼舰载机航母(远)合影,同时也分别代表了常规动力与核动力两种动力模式

- **航母探索性研制阶段**

在航母发展初期，各国相继利用飞机上舰进行探索与实验。这个阶段的航母从属于战列舰编队，是战列舰的保障和支援兵力，主要担负舰队侦察护航和火炮校正等辅助任务，很少直接参加海战。这一阶段，从水上飞机和水上飞机母舰起步，经实验、试用、改进，终于诞生了真正的航母。

- **航母大量应用阶段**

第二次世界大战（简称"二战"）爆发后，航母开始参与海战，并很快展示出自身非凡的实力，它宣告了以战列舰为舰队主力的"大舰巨炮"时代终结，并且获得了"海上霸主"的荣耀。航母在各主要海军强国受到极大的重视并得到了迅速发展。"二战"期间，各国总共建造舰队航母50余艘，改装护航航母130艘。

- **航母稳步发展阶段**

20世纪50年代后，航母成为世界公认的尖兵利器，受到了世界各海军强国的青睐。在美国等国家航母发展的引领下，舰载机喷气化和核动力上舰，世界航母技术日趋精湛，作战运用也越来越成熟，进一步稳固了航母海上霸主的地位。航母的建造也逐渐成为一个国家实力的象征。

当今，航母不仅是国家综合国力的象征，更是国家海上军事力量的中流砥柱。截至2023年年底，拥有航空母舰的国家有美国、英国、法国、俄罗斯、中国、印度、意大利、泰国和土耳其（首艘无人机航母，在英国《简民战舰年鉴》中归为两栖战舰）共9个国家。其中，美国是世界上最大的航母拥有国，拥有11艘，中国拥有现役航母3艘（其中"福建舰"待试航）。随着科技的不断进步，航母的性能和作战能力也将不断提高。目前建造的航母已经陆续采用更加先进的研制模式，包括动力系统和武器系统等，如电磁弹射器、激光武器、高超音速导弹、无人机等。同时，更多智能化的系统也将装配到航母上，如人工智能、自主导航等，以提高作战效能和安全性。

美军最先进的两代航母——"福特"级（近）与"尼米兹"级（远）结伴航行

如何看待航母在现代海上作战中的应用

1941年11月22日，蓄谋已久的日本海军联合舰队司令长官山本五十六指挥着一支庞大的航母编队，包括第一航母战队下辖"赤城"号、"加贺"号，第二航母战队下辖"苍龙"号、"飞龙"号，第五航母战队下辖"翔鹤"号、"瑞鹤"号，以及以上6艘航母搭载的400余架舰载机，机动部队编有的2艘战列舰、2艘重巡洋舰、1艘轻巡洋舰以及9艘驱逐舰、3艘潜艇和8艘油船。这支庞大的编队在择捉岛的单冠湾集结完毕，准备空袭珍珠港。12月7日6时15分，第一批空袭珍珠港的兵力共183架舰载战斗机、轰炸机和鱼雷机分别从6艘大型航母上起飞，15分钟内全部起飞完毕，编队完毕后直扑珍珠港。

太平洋战争爆发后，日军只用了4个月的时间就完成了所谓"大东亚共荣圈"的占领，许多将领得意忘形，变成了"战争狂"。日军进一步南下，夺取了新几内亚岛和所罗门群岛，以切断美国和澳大利亚之间的补给线。在太平洋上，美、日两国航母经过了5次对抗。1942年5月6日，日军舰队大摇大摆地开进了珊瑚海，美、日双方在彼此看不见对手的情况下，进行了世界上第一次航母大战——珊瑚海海战；1942年6月4—6日进行中途岛海战；1942年8月23—25日进行东所罗门群岛海战；1942年10月24—27日进行圣克鲁斯海战；1944年6月19—20日进行的马里亚纳海战，单从双方出动的航母数量和作战飞机的数量而言，是人类历史上规模最大的一次航母大战。

"二战"后，特别是在海湾战争、科索沃战争、伊拉克战争等局部战争中，防空系统的成功突破形成了精确打击优势，让现代航母的作战能力有了更大突破。进入信息化战争时代后，航母战斗群作战能力发生了更大变化，在未来陆、海、空、天、电、网的"六维一体化"信息联合作战中，航母是海上打击力量运载和交战的主要平台，是海上联合打击和夺取空海控制的重要力量。以核动力推进系统、一体化全电推进技术、电磁弹射器和阻拦技术、无人机及智能化为特点的航母发展趋势，将随着人工智能技术逐渐应用，给航母编队的联合作战能力与无人作战模式带来新的特点，特别是无人战斗机、无人水面舰艇和水下潜航器的加入将极大地改变航母的作战模式。

航母信息联合作战示意图

航母编队如何进行防空作战

"二战"中航母编队作战统计结果显示，航母被空中兵力击沉和击伤的比例占据大多数。例如，"二战"中美国海军有4艘大型航母被击沉，其中有

航母防御圈的支柱——预警机和各型舰载战斗机

3艘被日军舰载机击沉。当今，空中进攻作战能力与航母编队防空作战能力均得到了较大的发展。在可以预见的未来，空中威胁仍将是航母编队所面临的主要威胁。航母编队的对空防御，历来强调实施先发制人的攻势防御，如以航空兵突袭或巡航导弹突袭方式将对方航空兵以及各种导弹摧毁或压制于机场或基地。

在组织攻势作战的同时，航母编队也十分重视防御性防空作战。航母编队的对空防御体系通常划分为远程、中程和近程三个防空区域。在上述防空区域中，航母编队防空作战可划分为早期预警、跟踪识别、拦截交战和舰载机归航四个步骤。早期预警由卫星舰载预警机、防空哨舰和编队内其他装备对空搜索雷达的舰艇兵力共同完成，航母编队各类预警雷达根据电磁辐射管制的不同等级情况开机使用。预警机、防空哨舰和其他水面舰只一旦发现空中目标，应按识别标准进行跟踪识别，利用数据链、通过防空作战控制报告网向防空作战指挥官报告，对目标识别方法有敌我识别器识别、目力识别、电子信号特征识别、通信识别和按飞行剖面识别。经过跟踪识别，判明发现目标为敌方目标或假定敌方目标，编队内的防空兵力可启动火控雷达对目标进行跟踪，力求在尽可能远的距离上实施拦截交战。来袭目标为单个目标时，需要按速度进一步区分。确定可对目标实施攻击后，防空作战指挥官发出舰载机拦截命令。在航空指挥系统的引导下，舰载机从航母起飞或由待战空域转向，接近敌机实施格斗，将敌机击落，或者利用空空导弹拦截来袭的反舰导弹。

如果舰载机拦截后尚有少数来袭目标继续向航母编队接近，航母编队区域防空舰将发射中远程舰空导弹进行拦截。区域防空系统在编队的统一指挥控制下，跟踪和计算目标运动要素，发射区域防空导弹实施中层拦截。

经中层拦截后仍可能有极少数来袭目标，例如，敌机发射的空舰导弹，突破区域防空而向航母编队进一步接近。对于这类目标，首先是由航母编队的电子战系统对空舰导弹实施欺骗干扰，在一定成功概率的条件下，空舰导弹将偏离目标。其次由航母编队近程防空系统中的防空导弹和"密集阵"等近防舰炮对空舰导弹实施近程火力抗击，力争完全摧毁来袭目标。

航母编队如何进行反舰作战

反舰作战主要是利用航母编队各类建制武器，保卫自身安全，消灭敌军海上各种兵力，夺取制海权的作战行动。简单地说，反舰作战就是航母编队利用各种反舰武器，打击敌方水面舰艇编队，击沉或击毁敌方水面舰艇，获取海上胜利。航母编队集航空兵、水面舰艇和潜艇为一体，是空中、水面和水下作战力量高度联合的空海一体化机动作战部队，能够最大限度地满足反舰作战的基本要求。航母编队在对水面舰艇作战中，拥有侦察预警能力强、综合电子战能力强、制海范围广、突击威力大等天然优势。航母编队根据发射反舰导弹平台的不同，一般将攻击样式分为四种：航母舰载机攻击敌方水面舰艇、水面舰艇攻击敌方水面舰艇、核潜艇攻击敌方水面舰艇和海空协同攻击敌方水面舰艇。

航母的情报中心用来处理周边区域的各类信息，识别目标并引导攻击

航母编队打击水面舰艇一般分为发现目标、识别目标、目标定位和攻击目标四个步骤。发现目标是打击水面舰艇的首要前提，通过不同的传感器（卫星、舰载雷达、侦察船等）发现目标，各传感器获取目标信息后通过数据链，传递给不同需求的作战单元，例如侦察卫星在36000千米的高空能够侦察地球表面2/5的区域，能够为航母编队提供概略情报。航母编队发现目标后，通常组织航母舰载固定翼飞机或者无人机兵力对其进行监视和侦察，一般使用搜索雷达、侦察雷达以及用目力不间断地对海面实施搜索，发现不明水面目标后，即向航母编队指挥官报告。指挥官通过网络化的指挥与控制系统，下达不明目标敌我识别命令。识别目标就是判明目标是敌方目标还是友军目标，同时判明水面目标是战斗舰艇、辅助舰船或者商船，总的识别要求是在尽可能远的距离内将敌方目标识别清楚。识别目标后，需进行目标定位，即向参加对敌舰攻击的飞机、舰艇和指挥官不断提供敌舰的位置、航向和航速，以便飞机、舰艇根据提供的目标信息，计算导弹射击距离，并发射反舰导弹对目标进行攻击。航母编队在对敌进行定位后，指派舰载机或者舰艇对其进行攻击。海上交战前，正常情况下必须经协同作战指挥官批准才能使用武器，但在遭到突然袭击的情况下，允许使用武器自卫，事后补报。在自卫的情况下，要以最小的代价，首先将敌舰击伤使其丧失战斗力，然后予以歼灭。海上交战过程中，所有符合敌方电子、音响标准的目标或经目力识别为敌方的水面目标都要在编队武器的最大射程内与之交战。

航母编队如何进行反潜作战

进入21世纪，航母依然占据"海上霸主"的宝座，仍是海上实力的象征和维护海上治权的头号利器。得益于潜艇技术的发展，核动力潜艇在海军中的地位大幅上升，堪称衡量海军力量的"第二指标"，并不断向航母发起挑战，竭力想撼动其"海上霸主"的地位。2009年12月13日，俄罗斯总统梅德韦杰夫决定建造13艘被称为"航母终结者"的949A型"安泰"核攻击潜艇（北约称"奥斯卡Ⅱ"级），以重振俄罗斯海军。从俄罗斯海军的大动作可以看出，现代潜艇在更低噪声、更大下潜深度、更高航速、更强持续航行能力和远程精确打击等方面取得了革命性突破，对海军核心战力——航母编队构成了直接威胁，949A型核潜艇是最好的实例。

"冷战"结束后，由于各国的海上使命与任务发生了巨大的变化，航母编队的编成也进行了重大的调整，同时，航母战斗群也更名为航母打击群，从名称上也可看出，其主要任务由海上作战转为对陆攻击。美国海军航母打击群为

核潜艇是航母编队水下防御圈的主力

使对方潜艇对航母的威胁降至最低,通常以航母为核心构成直接警戒、近程警戒和远程警戒三道警戒线,其监视区的半径可达200~300海里,使对方潜艇欲对航母进行攻击时,必须突破由反潜飞机、潜艇、反潜直升机和水面舰艇构成的纵深梯次防御。在航母打击群的上空有飞机巡逻,前后左右有水面舰艇保驾,水下有潜艇时刻监视敌潜艇以防进犯,整个打击群是一个协同作战的战斗集体,空中、水面和水下反潜兵力构成一个立体反潜网。

自潜艇作战能力产生革命性突破后,迫使人们寻找新的反潜途径。随着反潜战理论研究的深入,美国海军认识到将网络中心战的概念运用到反潜战具有十分重要的意义,由此开创了网络反潜的新概念,并逐步成为21世纪反潜作战的新模式。网络中心战是将最新的互联网技术整合到各作战环节中,利用功能强大的计算机通信网络,将分布在广阔区域内的各种分散的侦察探测系统、通信系统、指挥控制系统和武器系统连接在一起形成一个网络,实现战场态势和武器共享,各级作战人员利用该网络体系了解战场态势、交流作战信息、指挥与实施作战行动,从而产生比各个单独的舰艇、飞机、潜艇等作战平台更强大的作战能量。与传统反潜战相比,网络中心战支持下的航母打击群反潜网络强调通过信息技术构建,主要包括全景式的战场态势感知能力、使用合理的火力密度和精确的打击能力、缩短了搜潜时间等,具有传统反潜所不具备的明显优势。

航母编队如何进行对陆打击

在20世纪80年代的空袭利比亚作战和20世纪90年代初的海湾战争中,美国航母战斗群对岸突击行动的规模和次数大大超过了对海进攻行动。在21世纪初的阿富汗战争和伊拉克战争中,航母打击群的对岸作战行动次数更多、效果更加明显。美国海军认为:"目前海军对国家的贡献取决于海军是否能从海上对陆地产生影响。"由此未来一个时期内,美国海军航母打击群仍会是对陆上目标实施打击的先锋和中坚力量。美国海军认为,航母打击群具有强大的空中突击能力,在对岸作战过程中,能够在海上自由行动和任意选择攻击位置。

航母打击群对陆作战的"五环重心"理论

    航母为空中兵力提供了一个机动能力强、突击威力大、作战灵活性好的海上平台，可以迅速在海上最需要的地方集结攻击力量，对岸进行威力强大的空中突袭和支援作战。

    选择打击目标直接关系到战役目的乃至战略企图的实现，同时还是控制战争强度、规模和进程的有效手段。美国海军航母打击群对陆作战时，一般根据"五环重心"理论，对空袭目标进行精心选择。美国海军把与领导机构和指挥控制系统相关的目标放在空袭作战的核心位置上，其他打击目标主要为军事生产与支援设施、军工厂、炼油厂、发电站、交通运输系统、铁路枢纽、桥梁、战场地面目标。其中，军事生产与支援设施包括军工生产、电力和能源生产系统及其储备设施。对这些目标攻击的主要目的是瘫痪对方的战争潜力，破坏其持续作战能力。

    参与航母对陆打击的兵力主要是舰载机、水面舰艇和潜艇。舰载机实施对陆攻击作战时，突击兵力主要由舰载作战飞机承担，无人机、预警机、电子干扰机担负支援保障任务；与此同时，水面舰艇和潜艇主要通过发射巡航导弹的方式实施对陆攻击。巡航导弹是一种从敌防区外发射的用于纵深打击的精确制导武器，主要用于对严密设防区域的目标实施精确攻击。有人驾驶飞机在这些区域活动会受到对方防空火力的严重威胁，因此巡航导弹往往成为航母打击群对岸上严密设防的高价值固定目标实施首次突击的首选武器。

航母编队非战争任务的优势有哪些

航母编队参与非战争军事行动主要有运送军事物资、撤离非作战人员、打击跨国犯罪、缉毒、反海盗、维和、反恐和救灾等。航母编队的非战争军事运用由来已久，这是由于航母编队作为一支威力巨大的作战力量，具有搭载能力大、机动性好、自给力强、担负任务广等众多优势，使得它具备完成多种非战争军事行动的能力。航母编队遂行非战争军事行动的优势主要体现在以下四个方面。

- **可执行多种类型的非战争军事行动任务**

多年来，航母编队在非战争军事行动中有效地扮演了多种重要角色，其运用领域和范围呈递增之势，如1930年"列克星敦"号航母为华盛顿州塔科马城提供电力的行动，作为当时世界上最大的舰艇，"列克星敦"号在一个月内为塔科马城提供了所需电力的30%，解决了该城的燃眉之急。这一创新性运用，开创了航母非战争军事行动的新纪元。

- **航母编队具有较强的应急处置能力**

非战争军事行动要求救援兵力在行动初期就要发挥重要作用。航母编队遂行非战争军事行动的价值主要体现在危机爆发后的最初几天，此后随着其他力量的到达，航母的作用将相对降低。由于航母编队具有较强的应急处置能力，从半待命状态快速转变到短期部署只需1~2天时间便可投入相应行动。

在实战中，美军通常出动双航母编队进行打击

- **具有较强应对突发灾害的能力**

海啸、地震、火山爆发等突发自然灾害是世界各国时常会面对的重大现实问题，各国都非常重视应急救援力量的建设和运用。受财力、物力和人力的限制，应急救援力量的规模不宜过于庞大，而且要解决好紧急情况下的应用与日常闲置的矛盾。航母编队具有诸多得天独厚的优势，其用途广泛、机动性好，而且自给程度高、综合能力强，可以迅速赶赴灾区、及时展开救援。

- **可为科研部门提供平台支援与技术帮助**

20世纪60年代初，美国开始实施载人航天计划。由于当时技术所限，返回的飞船只能在海上着陆，回收宇宙飞船及机组人员的重任就落在海军头上。1969年，美国"大黄蜂"号航母先后两次完成"阿波罗11"号和"阿波罗12"号飞船登月回收舱的回收任务，进一步证明改装后的航母完全具备在远海回收登月舱等大型装备的能力。

非战争期间航母需要完成哪些训练及演习任务

航母服役之后，距离形成战斗力还有较长时间，在此过程中所需做的训练工作主要有三类：①舰载机起降训练。航母服役只能证明舰艇本身具备了服役条件，但还没有配备的舰载机联队。飞行联队上舰后还要在海军航空试验中心的协同下对飞机起降设备进行检验，先挑选优秀飞行员进行起降试验，然后再逐步开展全面训练。②护航编队合同训练。航母通常要配备6~8艘护航舰艇，包括巡洋舰、驱逐舰、核潜艇和后勤保障舰船等，这些不同类型的舰艇将以航母为核心组成航母编队，各舰之间必须进行合同作战训练。③联合战役协同训练。航母编队不仅与本国空军、陆军和海军陆战队的兵力进行协同作战，还要与盟军等外国军队进行协同作战。航母看起来似乎是战术级单位，但是其任何作战行动都处于战略级或战役级的指挥和控制之下,所以如何实施联合作战和战役协同是航母编队训练的一个核心内容。所有这些科目训练完毕至少需要两年左右的时间。

各国航母编队参与演习的事件经常见诸报端,航母编队参与军事演习的种类繁多,有检验性演习,也有研究性演习;有单方导调演习,也有双方对抗演习;有年度例行演习,也有临时确定演习;有单一国家军事演习,也有多国联合军事演习。仅2010年下半年,美国海军驻日本横须贺航母"华盛顿"号及其相关兵力就参与过多达4次军事演习,从"华盛顿"号航母编队参与演习的频繁程度可看出各类军事演习在航母编队战备训练中的地位与作用。分析航母编队参与军事演习的情况,可以看出其主要目的包括演练作战技能、展示作战实力、威慑潜在作战对象、牵制大国发展等方面。"年度演习""利剑"军事演习是美日两国举行的系列军事演习,美国海军驻日航母编队通常是参演的主要兵力。2008年,"年度演习-20G"是"华盛顿"号航母部署日本后首次参与的联合军事演习,演练内容主要包括海上编队航行、航母食品补给、舰载机起降、联合导弹防御,除此之外,还重点演练了联合反潜行动。美国海军航母编队频繁参与各类军事演习,虽然其具体的演习目的不尽相同,但其战略目标却十分明确,即争夺世界霸权、维护美国利益。

"超级大黄蜂"双机弹射起飞

世界各国海军现役航母及其搭载的舰载机有哪些

2023年4月10日,土耳其第一艘无人机航母"阿纳多卢"号正式入列服役。至此全世界一共有美国、英国、法国、俄罗斯、意大利、印度、泰国、中国、土耳其9个国家拥有航母。此外,日本由于第二次世界大战后受到军事限制的原因,名义上没航母,但从20世纪后期,通过研制可搭载非固定翼飞机的"大隅"级两栖舰、"日向"级和"出云"级所谓直升机驱逐舰,已有了7艘"准航母",具备在战时状态下改造成轻型航母的基础。

舰载机是配备在航母上的主要装备,其性能决定着航母的战斗能力。按照用途种类可分为反潜机、鱼雷机、攻击机、战斗机、预警机、电子战机、运输机、直升机、加油机、无人机和侦察机(有的机种已退役),其中以攻击机和战斗机为航母舰载兵力的核心组成部分;以布局和起降方式为依据,舰载机可分为直升机、常规起降飞机、垂直/短距起降飞机等。

当代航母舰载机的分类

用途种类	攻击机 战斗机 预警机	电子战机 直升机 侦察机	反潜机 运输机	加油机 无人机
布局和起降方式	直升机 倾转旋翼机	常规起降飞机	垂直/短距起降飞机	

"福特"级

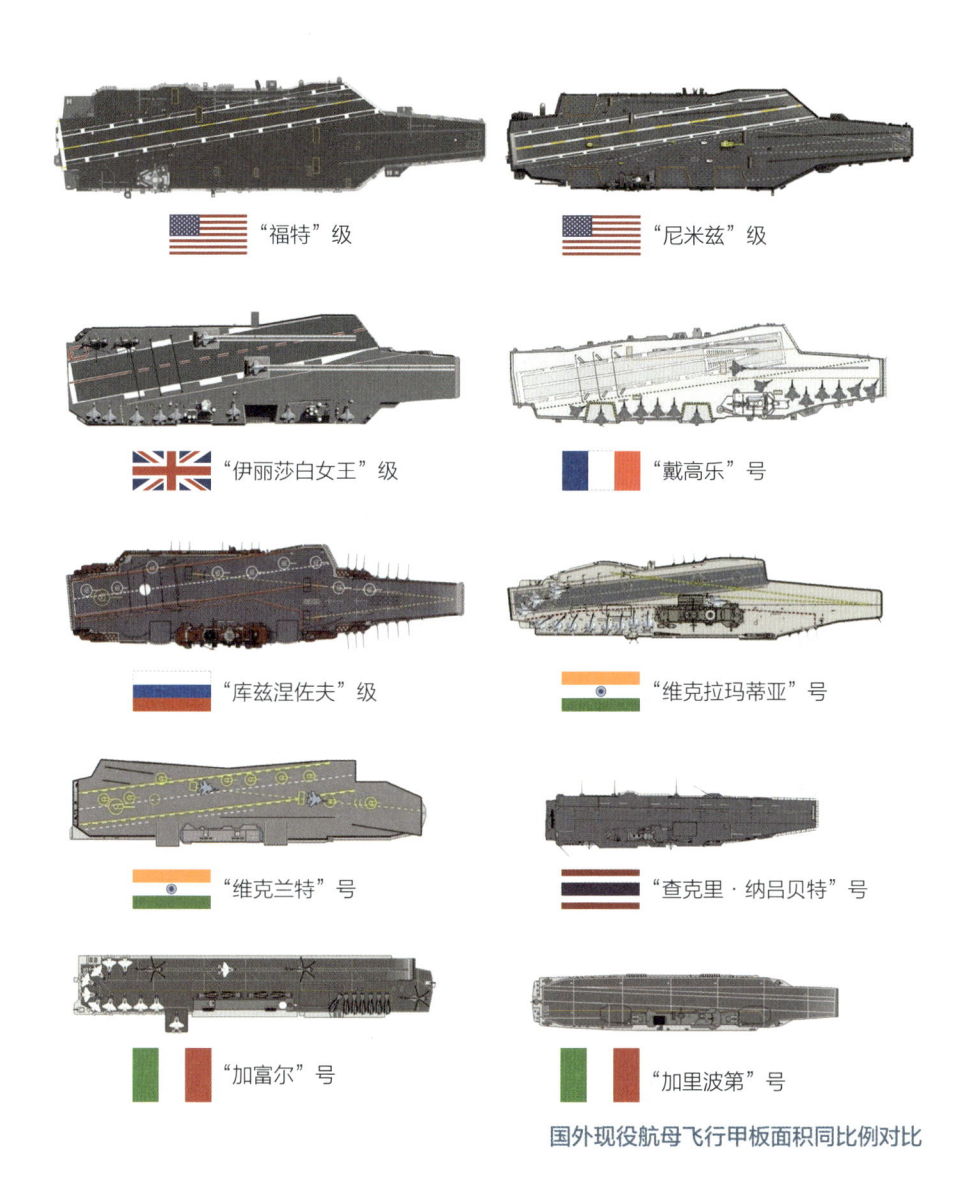

"尼米兹"级

"伊丽莎白女王"级

"戴高乐"号

"库兹涅佐夫"级

"维克拉玛蒂亚"号

"维克兰特"号

"查克里·纳吕贝特"号

"加富尔"号

"加里波第"号

国外现役航母飞行甲板面积同比例对比

国外现役航母与舰载机统计

美国

现役航母数量　11

现役航母舰名

"尼米兹"级
- 尼米兹
- 卡尔·文森
- 亚伯拉罕·林肯
- 约翰·C.斯坦尼斯
- 罗纳德·里根
- 德怀特·D.艾森豪威尔
- 西奥多·罗斯福
- 乔治·华盛顿
- 哈利·S.杜鲁门
- 乔治·H.W.布什

"福特"级　杰拉尔德·R.福特

搭载舰载机

F/A-18E/F"超级大黄蜂"系列战斗机
E-2C/D"鹰眼"/"先进鹰眼"预警机
EA-18G"咆哮者"电子战飞机　　MH-60R/S反潜直升机
F-35C"闪电"Ⅱ战斗机　　　　　C-2A"灰狗"固定翼运输机
CMV-22B"鱼鹰"倾转旋翼运输机

英国

现役航母数量　2

现役航母舰名　伊丽莎白女王　　威尔士亲王

搭载舰载机

F-35B"闪电"Ⅱ战斗机
AW101"灰背隼"预警直升机

法国

现役航母数量　1

现役航母舰名　夏尔·戴高乐

搭载舰载机

"阵风"M战斗机　　　　　　　E-2C 预警机
AS565"黑豹"直升机

续表

俄罗斯		
	现役航母数量	1
	现役航母舰名	库兹涅佐夫
	搭载舰载机	
	苏-33战斗机	卡-27反潜直升机

印度		
	现役航母数量	2
	现役航母舰名	维克兰特　维克拉玛蒂亚
	搭载舰载机	
	"阵风"M战斗机	米格-29K战斗机
	卡-31直升机	MH-60R"海鹰"直升机

泰国		
	现役航母数量	1
	现役航母舰名	查克里·纳吕贝特
	搭载舰载机	
	AV-8S"鹞"式战斗机	S-70B"海鹰"直升机

意大利		
	现役航母数量	2
	现役航母舰名	朱塞佩·加里波第　加富尔
	搭载舰载机	
	AV-8B"鹞Ⅱ"战机	F-35B 战斗机
	SH-3"海王"直升机	AW101"灰背隼"预警直升机

土耳其		
	现役航母数量	1
	现役航母舰名	阿纳多卢
	舰载无人机	

美国在第二次世界大战后为何研制核航母

继美国第一艘核动力航母"企业"号充分显示了核动力的巨大优势后,美国海军提出了建造第二代大型核动力航母的要求。"企业"号航母的造价昂贵,按当时的美元价格计算,高达4.5亿美元,为常规动力航母"福莱斯特"号造价的两倍。因此,美国军方和国会围绕是否建造下一代核动力航母,展开了激烈的争论,最终美国海军决定建造"小鹰"级常规动力航母。正当大型核动力航母受到非难、处于进退维谷之际,美国于1964年卷入了越南战争。美国海军航母奉命开赴越南海区作战。在此后不到一年的作战时间里,常规动力航母的一些不足暴露无遗。越南战争的实践和经验教训使美国军界和国会认识到,大型核动力航母具有更高的作战威力和效费比。在此背景之下,美国海军开始了"尼米兹"级核动力航母的可行性研究。"尼米兹"级首舰"尼米兹"号的建造计划于1967财政年度提出并获批准,1968年6月22日由纽波特纽斯造船厂开工建造,1972年5月13日下水,1975年5月3日服役,从建造到服役长达7年。"尼米兹"级舰共建有10艘,是"二战"后世界上批量建造数量最多的一级航母,也是美国海军较为成功的一种舰型。10艘"尼米兹"级航母构成了美国海军海外作战的支柱力量,也是21世纪上半叶美国实施全球战略不可或缺的重要工具。

美国海军现役的"尼米兹"级核动力航母(下文简称"尼米兹"级),以其吨位最大、舰员最多、耗资最多、威力最强而被誉为当时舰艇之最。由于"尼米兹"级建造时间长达数十年,所以各舰之间有一些差别,仅排水量一项,前3艘"尼米兹"级舰满载排水量为92955吨,第4艘"罗斯福"号满载排水量则达到了97933吨,其后的6艘满载排水量均超过10万吨。

"尼米兹"级航母比其他任何战舰设计建造的时间都长,从"尼米兹"号下水到"布什"号下水间隔了34年。这些舰经历不断的修改和改进,这些改进大多都使随后的航母提升了排水量,"布什"号的满载排水量是10.3637万吨。

美国海军10艘"尼米兹"级核动力航母"全家福"

舰名	舷号	动工时间	服役时间
尼米兹	CVN-68	1968.6.22	1975.5.3
德怀特·D.艾森豪威尔	CVN-69	1970.8.15	1977.10.18
卡尔·文森	CVN-70	1975.10.11	1982.3.13
西奥多·罗斯福	CVN-71	1981.10.13	1986.10.25
亚伯拉罕·林肯	CVN-72	1984.11.3	1989.11.11
乔治·华盛顿	CVN-73	1986.8.25	1992.7.4
约翰·C.斯坦尼斯	CVN-74	1991.3.13	1995.12.9
哈里·S.杜鲁门	CVN-75	1993.11.29	1998.7.25
罗纳德·里根	CVN-76	1998.2.12	2003.7.12
乔治·H.W.布什	CVN-77	2003.9.6	2009.1.10

美国"尼米兹"级核动力航母的设计特点是什么

"尼米兹"级航母选择了肥大船型设计，水下兴波阻力较大，其总体布置类似"小鹰"级常规动力航母。1号和2号升降机位于岛前，3号升降机位于岛后，4号升降机位于左舷侧斜角甲板的尾部，每部升降机尺寸都是25.91米×15.85米。首部和中部各布置2部蒸汽弹射器，尾部布置4道阻拦索和1道应急拦机网。整个舰从龙骨到桅顶高为76米，相当于20余层大厦的高度。机库甲板以下为水密结构，共分为8层甲板（含双层底），型深为19.51米。两舷侧由底至机库两侧采用古老的防雷隔舱结构，船体内有4道纵向隔壁。沿舰长每隔12~13米便设一道水密横隔壁，全舰共23道，并设有10道防火隔壁，从而形成了2000多个水密隔舱，这2000多个水密隔舱保证了舰的不沉性。这些隔舱采用空、实相间的措施，增强了舰的抗损能力。在船体内，动力装置、弹药库等重要舱室布置在一个装甲箱体内，以防受损危及全舰的安全。机库顶部为吊舱甲板，飞行甲板至吊舱甲板之间的广阔空间为舰载机弹射、阻拦等机械设备区及航母各部门的办公区。岛形建筑在飞行甲板中部右舷侧，布置有指挥舰桥、航海舰桥和航空舰桥，实施对全舰飞行作业和舰队的指挥。此外，许多雷达等电子天线都设置在该"岛"上，是全舰重要的中枢区。

舰上装有2座通用动力公司的A4W/A1G压水反应堆，反应堆的蒸汽发生器产生的蒸汽驱动8台涡轮蒸汽发电机，每台涡轮蒸汽发电机的功率为8000千瓦，8台涡轮蒸汽发电机的总输出电力基本可满足一个10万人口城镇的用电需要。

全舰人员编制为5750人，其中航空人员为2480人。舰上设有6410张床铺、544张办公桌、813个衣柜、924个书架、543个公文柜、5803把椅子和29814盏照明灯；舰上设有数十个仓库，还有邮局、电台、电影院、百货商店、照相馆、洗衣房、医院等生活设施，堪称一座"海上城市"。

床铺		6410	张
办公桌		544	张
衣柜		813	个
书架		924	个
公文柜		543	个
椅子		5803	把
照明灯		29814	盏

美国"尼米兹"级"斯坦尼斯"号航母的生活家具配置

"尼米兹"级结构图

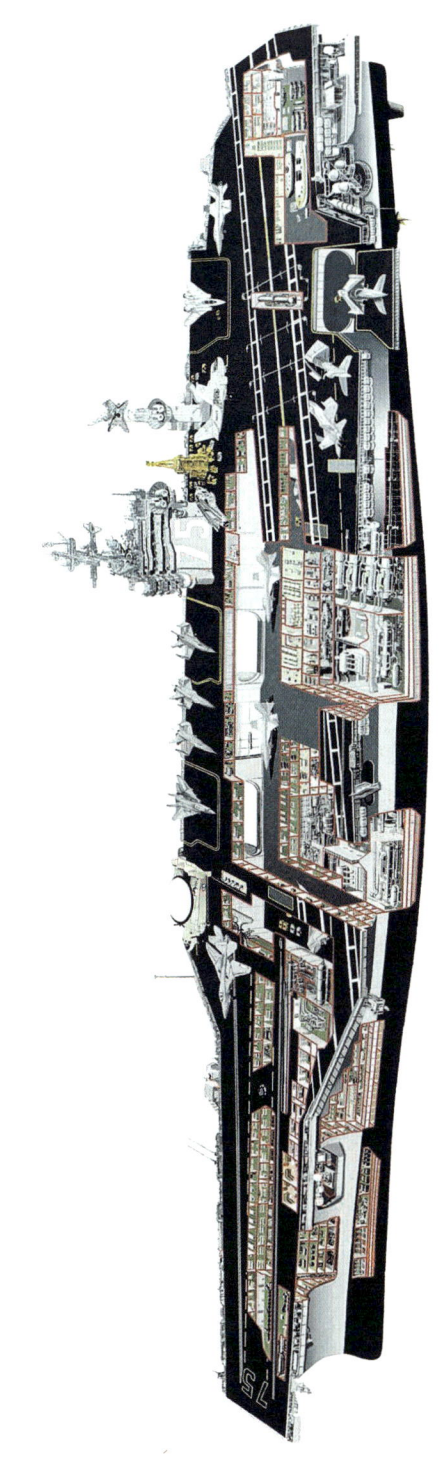

美国"尼米兹"级核动力航母舰载机联队概况

"尼米兹"级航母是目前世界上舰载机数量最多的航母,也是"福特"级航母服役前综合作战性能最为全面、战斗力最强的军舰。"尼米兹"级强大的综合作战能力主要体现在舰载机上,舰载机主要执行防空、反潜、反舰、对地攻击等作战任务。"尼米兹"级通常相对固定地配属一个舰载机联队,每个舰载机联队编有各型飞机80余架,根据不同的机种编为若干个飞行中队,用于执行不同的作战任务。

航母形成作战能力主要靠舰载机,还需要水面战斗舰艇、潜艇、补给舰等为其提供防护和补给,组成一支航母打击群的费用比单纯建造航母的费用要高出数倍。舰载机的价格也极其昂贵,一架F-14战斗机需要4400万美元,一架A-6E攻击机需要3300万美元,一架E-2C预警机需要5700万美元,配齐一个航母舰载机联队的80~90架飞机,至少需要超过50亿美元的费用。美国海军现役航母舰载机的采购价格随着时间的推移不断上涨,机载武器也是一笔很大的开支。EA-18G电子战飞机、E-2D预警机的采购单价为11.5亿美元,F-35C战斗机的采购单价为9000万~10300万美元(根据每批采购数量,价格略有不同)。

舰载机联队是航母打击群的主要打击单位,拥有完善的组织架构。舰载机联队联队长同时兼任航母打击群的打击指挥官,联队长、副联队长军衔一般为海军上校,军士长为特级指挥军士长。舰载机联队指挥机构编制41人,包括舰载机联队联队长、舰载机联队副联队长、联队作战军官、联队反潜作战军官、联队航空情报军官、联队维修军官、联队武器军官、着陆信号军官、航医、联队情报团队、各飞行中队中队长。

美国海军航母舰载机联队在长达几十年的作战运用中经历了多次编制调整,目的是不断满足各个时期的作战需求,并适应新机型在舰上的运用。现在,美国航母舰载机联队的构成是"二战"以来最简洁的,与之前相比,机种进行了精简,数量进行了压缩。联队基本编成是:4个战斗/攻击机中队(或2个战斗/攻击机中队、2个F-35C战斗机中队),编配战斗攻击机44架;

各型舰载机的指挥和调度是航母战斗力的直观体现

1个舰载预警机中队，编配4～5架E-2C/D预警机；1个电子攻击机中队，编配4～5架EA-18G电子战飞机；1个海上打击直升机中队，编配11架MH-60R反潜直升机；1个海上战斗直升机中队，编配8架MH-60S反潜直升机。根据任务不同，每个舰载机联队的编成略有不同。

"尼米兹"级航母舰载机的日出动能力为160～220架次，舰载机飞行员大多具备夜间起降能力，在高危环境中，全天24小时均可驾驶舰载机执行空中战斗巡逻任务。"黄貂鱼"无人加油机服役后，将进一步延长上述两型舰载机的作战半径和留空时间，同时替代"伙伴加油"后，战斗攻击机执行作战任务的架次将大幅提高。

在防御能力方面，航母本舰的防御武器只有"海麻雀"或改进型"海麻雀"舰空导弹和"密集阵""拉姆"等近防武器系统，但编队中的水面战斗舰艇凭借其舰载武器系统在航母周围构建了远中近、高中低的多层防御圈，执行防空、反潜、反舰等作战任务；攻击型核潜艇则在航母的前方执行预警侦察、反潜等任务。

美国"福特"级核动力航母的研制背景

"尼米兹"级是在半个世纪以前设计的，首舰"尼米兹"号（CVN-68）于1968年动工，1975年服役。多年来已经进行了升级改造，如"杜鲁门"号（CVN-75）航母建造时广泛地使用了光缆系统，"里根"号（CVN-76）航母为了改进适航性加了一个球鼻艏，以利于飞行作业。尽管进行了这些技术升级改造，但船体、机械和电力系统（HM&E）基本上几十年没有改变，还处在"尼米兹"号早期设计的状态。动力装置的心脏——核反应堆，是20世纪60年代中期设计的，蒸汽弹射系统与20世纪50年代末使用的设计基本相同，许多系统仍靠蒸汽和液压推动。按计划，"尼米兹"级航母及其船体、机械和电力系统还要继续使用。同时，"尼米兹"级航母面临的最大问题是发电能力有限和升级改造导致重量增加，以及使其保持稳性的重心储备消耗。这些局限限制了引进新技术，实施现代化改装的可能性，尤其是要求增加电力或重量的新技术。

20世纪90年代中期，美国海军正式提出面向21世纪的舰艇发展计划，代号SC-21。SC-21是一个非常庞大的计划，包括用于替代"企业"号和"尼米兹"级航母的CVX（后改为CVN、CVX-21）、替代"提康德罗加"级巡洋舰的CG-21、替代老式驱逐舰的DD-21和替代护卫舰的LCS（濒海战斗舰）。由于"尼米兹"级航母进行现代化改装的余地很小，尤其是军事转型中提出的许多新概念、新技术很难在"尼米兹"级上实现或加装。于是，美国海军决定研制新一代航母CVX-21。美国国会在2008财政年度批准建造"杰拉尔德·R.福特"级首舰"杰拉尔德·R.福特"号（CVN-78），该舰已于2017年5月海试完毕，并于当年服役。

新航母利用"尼米兹"级的基本线型，但总体布置有了很大变化，发展新航母的核心目的是通过引进新技术、新设备，提高航母的整体性能，以适应21世纪海战的新需求，同时降低全寿期成本。例如，改变飞行甲板和武器升降机的布置，更新舰面保障理念，缩短舰载机在舰面移动和保障的时间，提高架次率；更换电磁弹射器和先进拦阻装置，以适应不同型号舰载机的起降要求，减少设备维护、保障的人员，减少占用空间，同时为无人机上舰作支撑；换装新型核反应堆，提高推进和发电能力，以满足新增设备等的用电需求。

美国"福特"级核动力航母有哪些特点

"福特"级核动力航母（以下简称"福特"级）是美国海军目前最大的水面舰艇，全长332.8米，船体宽78米，水线宽40.8米，飞行甲板宽78米，满载排水量超过101605吨。"福特"级仍采用单体船型，外形与"尼米兹"级很相似，只是换装重新设计的隐身舰岛，体积大幅度减小，重量减轻，安放位置调整到右舷舰后部，采取集成化设计，更有利于航空作业。水下部分进行了较大改进，装有球鼻艏和双尾鳍以减小兴波阻力，水线以上采用较大外飘的形状。飞机升降机由4部减为3部，航母右舷设置武器升降机，并增加了舷侧武器升降机，采取"一站式保障"，以提升出动架次率。岛形建筑采取隐身设计，其雷达反射面积相当于1艘"阿利·伯克"级驱逐舰。岛形建筑上集中布置了双波段雷达天线、联合精确进场着舰系统的导航雷达、通信天线、电子战系统等，各类天线的数量从"尼米兹"级的83个减少为21个。双波段雷达可以替代原来的6~10部雷达，采用固定式天线，嵌入上层建筑外墙，去掉了旋转式天线，节省了布置空间。双波段雷达的AN/SPY-4广域搜索雷达的目标跟踪数量约为2000个，理论上是AN/SPY-1雷达的10倍。

新开发的A1B核反应堆更为紧凑、安全、有效，在50年的寿命期内无须换料，这相应增加了航母3年多的可用时间，并且可以节省几亿美元的换料大修费用，其效费比是"尼米兹"级反应堆的4倍，发电能力是"尼米兹"级的2.5~3倍，并且采用了全新的配电系统，综合管理全舰各系统的用电。

电磁弹射系统能量密度大，具有很高的推力密度，是蒸汽弹射器的近3倍，并且体积小、重量轻。整个系统的自动化程度高，维修性好，自检系统可自动发现和诊断故障，节省了人力需求。蒸汽弹射器每弹射大约500次就要进行维修，航母每3~4天就要撤出战斗，进行弹射器的检修，而电磁弹射器的理论平均故障率在3000次以上，虽然目前未能实际达到这一标准；电磁弹射器对舰载机机身的影响相对较小，相应延长了舰载机的使用寿命。另外，先进拦阻装置可减少人员编制41人，重量减少50吨，使用成本比MK7型阻拦装置降低26％。这两项新技术对提高舰载机的出动架次率有很大贡献。

美国"福特"级核动力航母采用了哪些新技术

安装了新型电磁弹射器的"福特"级航母，作战能力相比"尼米兹"级有了大幅提高

"福特"级是一型全新的信息化作战平台,对未来海战将产生很大影响。由于采用了多项新技术和优化甲板布置,舰载机的最大出动架次率可达每日220~270,比"尼米兹"级多100多架次,单就这一点看,2艘"福特"级可相当于3艘"尼米兹"级的作战效能。从全寿期费用看,"福特"级通过引入先进技术,提高自动化程度,减少了约1250人的编制,可节省大笔的维护、使用费用。

　　"福特"级在论证初期确定了13项关键技术,诸如电磁弹射器、先进阻拦装置、新型核反应堆、双波段有源相控阵雷达、先进武器升降机、新型在航补给系统等。其中一些技术如下:①A1B核反应堆的功率更大,结构紧凑、安全,使用寿命与航母的寿命周期相同,中间无须更换核燃料,可以节省几亿美元的换料大修费用。②双波段雷达的多功能雷达用于对海、对空搜索和目标跟踪,还可用于导弹制导、气象预报等;广域搜索雷达用于远距离搜索、探测小目标,这两型雷达替代"尼米兹"级上的多部雷达。③电磁飞机弹射器配合优化的飞行甲板可以提高舰载机的出动架次率,可以弹射从不足1吨到40吨的舰载机和无人机,并且对机身结构的影响较小。④先进阻拦装置对于未来飞机的大小、重量和功率都是最佳匹配。先进阻拦装置既能回收更重的飞机,也能回收重量很轻的无人机。同时,先进阻拦装置要求的维修量大大降低。⑤先进武器升降机快捷、安全、节省人力和维护成本。另外,在"福特"级上,还增加了舷侧武器升降机,可以通过武器升降机将弹药直接运送到第2甲板进行弹药装挂,然后移动到舷侧,利用升降机送到飞行甲板上,大幅提高了弹药的准备时间。另外,新型弹药运载装挂设备也降低了舰员往飞机上挂弹的劳动强度。

　　其他新技术包括"一站式保障",将原来分在几处的加油、补气、挂弹等作业,集中在一处实施,节约了时间,可相应缩短二次起飞的时间;巨量航行补给装置,将从补给舰接受补给的时间缩短了一半;新型着舰引导系统——联合精确进场着舰系统——进一步提升了舰载机着舰的安全性,加快了舰载机的回收速度。

"福特"级采用全新设计的后置舰岛,优化了飞机甲板面积的利用率

为什么说美国"福特"级核动力航母先天不足

"福特"号航母是目前世界上最大的现役航母，采用了代表美国最先进水平的新技术，诸如先进的电磁弹射系统，装备了最具优势的升降机，可以45米/分的速度将重量为9吨的弹药运送到飞行甲板。正是因为过多地强调引进新技术、新概念，而且有些技术尚未达到6、7级的技术成熟度，致使建造周期一再延长，预算大幅超支。该舰的建造费超过130亿美元，超过预算22%。2017年7月29日，"福特"号航母测试了其世界一流的电磁弹射系统（EMALS）和先进阻拦装置（AAG），截至目前，完成了近千架次的起降任务。这些试验任务所得到的评估于2018年2月被爆出："经过一年的验收，目前'福特'号的状态为：连续保持4天作战状态的可能性为9%。"

电磁弹射系统理论上不仅能同时弹射更多舰载机，而且还可以安全弹射无人机，电磁弹射器最初设计要求平均弹射4166次才允许出现1次故障，但在实际使用过程中平均弹射181次就会出现一次故障，2020年的两次故障更是导致弹射器停用了3天。此外，新型阻拦装置的故障率也远高出设计要求，理论故障频率应当是1/16500，实际使用中，舰载机平均降落48次阻拦装置就会发生故障。还有升降机的问题，"福特"号航母安装有11部先进的武器升降机以更高效地运输弹药，但11部升降机中，曾有5部不能使用。后继舰将停用双波段雷达，改为AN/SPY-6（V）雷达。可见该级舰还需要很长时间的磨合。

美国核动力航母装备了哪些战斗机

目前，美国核动力航母"尼米兹"级和"福特"级搭载了F/A-18E/F"超级大黄蜂"战斗机和F-35C"闪电"Ⅱ战斗机。

现役F/A-18E/F战斗攻击机是在F/A-18C/D的基础上改进的多用途舰载机,用于替代A-6攻击机、F-14D战斗机等执行空战、对陆、反舰等多种作战任务。F/A-18E/F战斗攻击机机长18.38米,机高4.88米,翼展13.68米,机翼面积46.5平方米,空重14552千克,最大起飞重量30209千克,最大载弹量8029千克,最大平飞速度为1.6马赫,续航时间2小时15分钟。

挂载能力非常强悍的F/A-18F舰载战斗机

改进的主要项目:①换装APG-79有源相控阵雷达,其探测距离大于180千米,可同时跟踪20多批目标;②武器挂点由9个增加到11个;③增大作战半径,执行空战任务时为780千米,执行攻击任务时为910千米;④增加带弹着舰时载荷量,燃油和载弹总量提高到4082千克;⑤提高战场生存能力。

F/A-18E/F战斗攻击机兼具战斗机和攻击机的特性,可执行空战、对陆攻击、侦察、空中加油等多种任务。该机几乎可以挂载美国海军现役各型机载武器,新加装的AN/ASQ-228先进瞄准前视红外系统吊舱替代了原来F/A-18C/D战斗攻击机装备的AN/AAS-38、AN/AAS-46瞄准前视红外吊舱和AN/AAR-55导航前视红外吊舱等3型吊舱。另外,通过多功能信息分发系统,F/A-18E/F可与其他作战平台双向交换目标数据，可同时对不同目标交战，即可同时进行空战或对地打击。美国航母打击群加装美国海军一体化航空火控系统后，该机还可以在E-2D预警机的引导下，在远离航母的地方对来袭的巡航导弹进行拦截。

F-35C"闪电"Ⅱ战斗机是美国洛克希德·马丁公司研制的单座单发战斗机，是目前世界上唯一的舰载第五代战斗机。F-35C战斗机具备较高的隐身设计、先进的电子系统以及一定的超音速巡航能力，主要用于前线支援、对地攻击、空中遮断等多种任务。F-35C"闪电"Ⅱ战斗机是目前最先进的舰载战斗机，填补了美国航母打击群因A-6攻击机退役而形成的对地攻击能力不足。美国国防部对F-35C战斗机提出的任务要求是：70%用于对地攻击，30%用于空战。该机空重15800千克，最大起飞重量31800千克；作战半径1100千米，巡航时速为740千米，从0.8马赫加速到1.2马赫所需时间少于41秒；最大飞行速度为2.0马赫。据美国海军称，F/A-18E/F战斗机服役后，整体作战能力较以前提高了1.7倍，F-35C加入现役后，作战能力将提高约4倍。近年来，美国海军还利用该机进行了控制无人机实施电子战、借助E-2D预警机的引导拦截巡航导弹等试验，其作战任务领域在不断拓展。

美国核动力航母装备的预警机性能如何

E-2C"鹰眼"舰载预警机是格鲁曼飞机公司专门为美国海军研制的舰载预警机，主要为美国海军航母编队提供空中预警和空战指挥等。E-2D"先进鹰眼"预警机是最新的改进型，换装了APY-9相控阵雷达，探测能力大幅增强，其控制范围是AN/APS-145雷达的2.5倍，探测距离增加了20%，达到555千米，尤其是在探测远距离小型目标的能力方面有很大提高，与"宙斯盾"舰配合使用，可使"标准"2/6舰空导弹拦截巡航导弹的能力提高约2倍；与APS-145雷达相比，引导F/A-18E/F战斗攻击机进行空战，拦截敌机的能力可提高5倍。

每架E-2C预警机平均每天出动1.5架次，每架次飞行约5小时，E-2D的留空时间略有增加。1艘航母搭载4～5架E-2C/D预警机，可保证全天24小时至少有1架E-2C/D预警机在空中执勤,为航母编队提供空中预警、指挥控制和通信中继。20世纪90年代中期以来,E-2C/D预警机先后加装了CEC、NIFC-CA等系统,使航母编队的防空和空战能力有了大幅提高。

承担远程预警的E-2000舰载预警机

美国核动力航母装备的反潜直升机性能如何

MH-60R反潜直升机是美国洛克希德·马丁公司在SH-60R的基础上改进的一型多任务机种,可以完成多种任务,包括:战术人员运输、电子战和空中救援。MH-60R装备了ASP-147多模式雷达,能够发现并跟踪255个目标,最大探测距离可达370千米,而且具备逆合成孔径雷达成像、声学探测、小目标探测的能力。MH-60R还装备了AN/AQS-22低频吊放声呐,增强了中远程反潜能力。此外,该机还装备有AAS-44前视红外系统以及Link16数据链,具备很强的搜索能力,可以同其他作战单位交换战场信息。

反潜作战执行者——MH-60R

挂载电子战吊舱和反辐射导弹的EA-18G电子战机

C-2A"灰狗"运输机已很难满足现代战争环境中的运输任务，正逐步被淘汰

美国核动力航母装备的电子战飞机和运输机性能如何

现役EA-18G"咆哮者"电子战飞机由F/A-18F改装而成，该电子战飞机70%的电子设备与EA-6B电子战飞机通用，机身和火控雷达等90%的零部件可与战斗机互换，并保留了部分空战能力，所以在执行任务时无须战斗机护航，相应增加了战斗攻击机的任务架次。EA-18G有11个武器挂点，可根据作战任务，选挂攻防武器和最多5个吊舱。EA-18G可挂载的武器主要有AIM-9X"响尾蛇"、AIM-120"先进中程空空导弹"、"哈姆"反辐射导弹、联合防区外发射武器（JSOW）、联合制导攻击武器"杰达姆炸弹"、"斯拉姆"远程对地攻击导弹等。在执行防区外干扰和护航干扰任务时，通常挂2个副油箱、1个低频吊舱、2个高频吊舱、2枚AGM-88反辐射导弹、2枚AIM-120中程空空导弹、2个AN/ALQ-218（V）2翼尖天线舱。EA-18G通过增挂光电/红外侦察吊舱使其具有了全天候作战能力，吊舱上的中/高空探测器具备飞抵目标上空侦

察的能力和防区外侦察能力，图像信息可以近实时地通过通用宽带数据链传输给地面站，具备机上图像观察和记录的能力。

近年来，美国海军为EA-18G电子战飞机发展了小型无人机和可自主飞行的诱饵，在执行电子战任务时，该机可挂载、控制无人机实施干扰、诱骗、压制等任务，相当于增加了舰载机联队中的电子战飞机的数量。另外，美国海军新一代电子战吊舱即将服役，替代服役已久的ALQ-99干扰吊舱。

C-2A"灰狗"固定翼运输机是美国格鲁曼公司研制的双发后掠翼涡桨式舰载运输机，主要用于美国海军航母的舰上运输任务，提供航母关键的后勤支援。1964年11月11日，C-2A首次试飞，1966年服役。C-2A配备了运输架及载货笼系统，加上大型的尾部坡道、舱门和动力绞盘设施，让该型运输机能在航母上快速装卸物资。该机装2台T56-A-425涡桨发动机，单台输出4600马力，飞行时速约550千米，最大升限约10200米，满载时航程可达2000千米，货舱内装载油箱可增大航程。该机可运载能力约4500千克，货舱内装有物资管理/支援系统，可根据情况选择不同大小的货盘，在人员运输的时候可以运载最多39名士兵，或者20名担架上的伤员和4名医护人员。

CMV-22B"鱼鹰"倾转旋翼舰载运输机是在V-22和MV-22B倾转旋翼机的基础上改进的舰载运输型，机长约19米，高约7米，最大起飞重量25.4吨，4名机组人员，最多可搭载23名士兵。2018年，美国海军决定采购39架CMV-22B舰载运输机。2020年，首架CMV-22B舰载运输机交付。预计2024年形成作战能力，最终完全取代现役C-2A舰载运输机，承担为航母运送物资、零部件（航空发动机等）、货物和人员等任务。该机的两侧机翼增加一个60加仑的燃油箱，航程可达2129.8千米，每次运送物资达2721.55千克。

英国海军"伊丽莎白女王"号航母的研制背景

1912年年底，英国海军进行了将轻巡洋舰改装成水上飞机母舰的试验，1914年又将一艘运煤船改建成了"皇家方舟"号水上飞机母舰，取得成功后，英国海军多次对"暴怒"号战列巡洋舰进行改装，探索了飞机直接在舰船甲板上起降的方法。1918年9月，终于建成了一艘由客船改装的具有全通式飞行甲板的"百眼巨人"号航母，同时英国人着手设计"竞技神"号，从而使英国成为世界上最早设计建造和拥有航母的国家。1914年7月，第一次世界大战爆发，同年12月24日夜，英国海军的3艘搭载水上飞机的航母参加了对德国库克斯港的攻击，虽然攻击因缺乏经验和带弹量小没有成功，但却开创了航母参战的首次战例。

1918年7月19日，英国海军"暴怒"号航母在4艘驱逐舰的掩护下，抵近日德兰半岛，从航母上起飞的6架固定翼舰载机对德国特纳港实施攻击，击毁2艘德国飞艇，取得了航母作战的首次成功。英国虽然新建的航母数量不多，但对现代航母的关键技术研究却并未放松，其斜角甲板、蒸汽弹射、"菲涅尔透镜"助降装置、滑跃起飞和垂直起降等技术为现代航母发展作出了革命性贡献。1975年，英国启动了"海鹞"式舰载机计划，"海鹞"式飞机能垂直、短距起降，可大大缩短飞行甲板的长度，并省去笨重复杂的弹射器和阻拦装置，从而可以大幅度缩小航母的尺寸，提高舰载机起降的安全性，为中小型航母的发展开辟了新的前景。据此，英国连续建造了3艘"无敌"级轻型航母，该型航母除具有区域防空作战能力外，在英国海军特混舰队中还担负了指挥和反潜的任务，其造价只有"尼米兹"级航母的1/10。2010年，英国开始建造2艘新一代6万吨级的"未来航母"，新航母采用"双舰岛"结构、燃气动力装置、全电力推进，载机可达50架，主战飞机采用F-35B垂直/短距起降飞机，两艘舰分别被命名为"伊丽莎白女王"号和"威尔士亲王"号。

"伊丽莎白女王"号航母是一型全球首用燃气轮机动力和全电推进、并配备垂直短距起降型舰载机的多用途航母。2009年9月1日，"伊丽莎白女王"号航母开始建造，2014年7月下水，2017年12月正式服役。"伊丽莎白女王"号航母舰长282.9米，舰宽70米，吃水11米，满载排水量65000吨，航速25～27节，舰员679人。该航母装有MK-15 Block 1B"密集阵"近防武器系统和DS30B型30毫米舰炮。

英国"伊丽莎白女王"号航母装备了哪些舰载机

英国海军航母常陷于"有船无机"的窘境，历史上就曾有过"无敌"级航母因海军的"海鹞"战斗机全部退役，只能搭载空军"鹞"式战斗机的情况。因为从美国购买的F-35B战斗机迟迟不能到货，所以2017年服役的"伊丽莎白女王"号航母直到2020年才有本国的F-35B战斗机在舰上进行起降。

现在"伊丽莎白女王"号航母上搭载了一个混编舰载机联队共18架F-35B战斗机，其中10架来自美国海军陆战队战斗攻击机第211中队（VMFA-211），8架来自英国皇家空军第617中队。"伊丽莎白女王"号舰载机联队的标准"打击编制"是搭载两个中队共30架F-35B（实编可能只有18~24架）、4架配备"鸦巢"系统的预警直升机和6架AW101反潜直升机。F-35B与常规起降型F-35A和舰载型同时研制，英国是第一批参与联合研制的国家之一，并计划购买138架F-35B，目前已签订了48架的采购合同。这些飞机将装备4个飞行中队，其中空军3个，海军的第809中队计划2024年组建。

F-35B战斗机是由美国洛克希德·马丁公司研制的一型海军舰载版联合攻击战斗机，属于垂直/短距起降飞机，是集隐身技术、多任务和通用性于一身的先进战斗机，也是目前世界上最先进的舰载固定翼战斗机。F-35B在座舱后装有一台升力风扇，在垂直/短距起降飞行状态下使用。升力风扇是F-35B的技术核心，主要由整体外涵道机匣、两级水平对转风扇、3D矢量喷管、变速箱、离合器等传动系统和伺服系统五大部分组成，总重接近1800千克，垂直升力系统通过在F-35B发动机风扇前安装一根传动轴将主发动机的低压涡轮部分功率传递到飞机座舱后的升力风扇，升力风扇与可向下偏转最大达95度，能转到垂直状态的主发动机3D矢量喷管协力，通过调姿喷管进行调节或保持平衡。

利用舰载直升机改装预警机其实是一种无奈之举。20世纪80年代，英国海军在"海王"直升机上加装"搜水"雷达，为"无敌"级航母研制了预警直

"伊丽莎白女王"号与45型驱逐舰编队航行

升机。"无敌"级属于小型航母，无法起降固定翼预警机，只能装备预警直升机，但效果并不理想。

2017年服役的"伊丽莎白女王"级航母首舰由于同样的理由，再次使用了预警直升机，此次是在AW101"灰背隼"直升机加装新的"鸦巢"系统。AW101"灰背隼"直升机是欧洲阿古斯塔·维斯特兰公司研制的一种多用途直升机，1987年6月首飞，1996年批量生产。

20世纪90年代，英国海军决定研发"海上机载监视与控制"（MASC）系统。2009年最终选定AW101直升机作为"未来机载监视控制主平台"，并进行了相应的改装，在原有"搜水"雷达的基础上，研制"鸦巢"新一代海上机载监视系统。

"鸦巢"系统的雷达采用"搜水2000"雷达并进行了改进，同时提高了发射功率和接收机灵敏度。除了具备全方位探测能力和动目标指示模式以外，"鸦巢"雷达还将提供合成孔径、逆合成孔径成像模式和高分辨率距离剖面。另外，采用商用成熟技术，为新预警直升机研制了"塞伯拉斯"任务系统，以便日后不断升级。系统还包括了自动识别系统（AIS）应答机、IRCA（商用飞机）和Lioyds（航运）数据库，集成了Link-16数据链、MK Ⅻ敌我识别器（IFF）、电子支援措施（ESM），以及自动相关监视–广播系统（ADS-B）、自动目标分选装置等。

"伊丽莎白女王"号搭载的F-35B机队已形成一定的战斗力

法国为什么发展核动力航母

法国海军积极发展核动力航母，与法国的国家战略是密不可分的。"二战"结束之后，法国总统戴高乐曾经先后两次担任法国领导人，他一直主张法国要走一条独立自主的外交和国防发展道路，要想具有国际话语权，要想在国际上拥有独立的地位，就要靠军事实力来支撑。法国在考虑航母的发展上也发生过很大争论，主要争论的问题有两个，一个是排水量，另一个是动力系统。20世纪70年代末，法国军方包括一些政府高层坚决反对发展滑跃起飞短距起降航母，而是要发展弹射起飞的常规起降航母，因为两种航母作战效能的差距非常大，最终决定走中型航母发展之路。当时美国的第一代核动力航母"企业"号已经下水服役，首次完成了3万多海里的环球航行，历时60多天，中间没有进行燃料补给，展示了核动力作战舰艇的长时间持续作战能力。由此法国坚定了发展核动力航母的决心。

1986年2月，法国国防部部长签署了建造核动力航母的命令。1987年1月，由布雷斯特船厂完成总体设计。1987年11月开始切割第一块钢板，1989年4月在布雷斯特船厂船坞开工建造，1994年5月下水，2001年5月正式服役。"戴高乐"号核动力航母总长261.5米，水线长238米，舰宽64.4米，水线宽31.5米，吃水9.4米，满载排水量42500吨，最大航速27节，舰员1890（其中航空人员600）人。该航母装有4座八联装"紫菀15"舰空导弹垂直发射装置和2座六联装"萨德拉尔"近程舰空导弹发射装置，还有8座20毫米的单管炮。目前"戴高乐"号核动力航母可载各型飞机40余架，其中包括24架"阵风"M F2/3多用途战斗机和2架E-2C"鹰眼"预警机，另有4～6架NH-90直升机，成军时作战能力仅次于美国当时的大型核动力航母。

"戴高乐"号核动力航母的成功是由高昂的代价换来的。最初设计时，"戴高乐"号核动力航母的建造成本估计为40亿～50亿法郎，在进行具体的可行性论证后增至80亿法郎。1999年，法国官方再次宣布该舰的开支增加，总建造装备费用增至180亿法郎（合30亿美元）。该舰建成下水时当年的实际建造费用为29亿美元，占当年法国全年海军费用80亿美元中的36%。此外，由于核动力航母的技术复杂，加上经验不足，在建造该舰时还出现了个别重大质量事故导致返工。例如，在试航时发现斜角甲板长度不能满足E-2C预警机降落的要求，最终不得不将其加长4.4米，试航期间还发生螺旋桨桨叶断裂事故。不过，这些都是作为首次建造核动力航母时难免要付出的代价。

"戴高乐"号搭载的阵风舰载机E-2C预警机，担负起"戴高乐"号的远程对空警戒任务

法国"戴高乐"号核动力航母的设计特点

"戴高乐"号核动力航母（以下简称"戴高乐"号航母）是集现代化舰艇建造技术、先进的作战装备和高性能舰载机于一体的中型航母，设计上采用成熟技术，降低了成本。法国在中型航母上实现了核动力化、斜角甲板、蒸汽弹射器、阻拦着舰、"菲涅尔透镜"等现代航母典型技术的完美融合，虽有不足之处，但甚称航母发展史上的一大创举。

"戴高乐"号航母自下而上共有15层甲板，由纵横舱壁分为20个水密舱段，大约有2200个舱室。在龙骨与飞行甲板之间，有一双层底和8层甲板。在上层建筑的第一层有休息室、气象室，第二层有电传室，第三层有指挥官办公室、指挥室，第四层有飞行指挥部。舰上纵向通道在舰中央，参谋部和医疗舱在舰首部，餐厅设在舰尾。此外，舰上还有咖啡厅、娱乐场所及相关生活设施。

"戴高乐"号航母在总体设计上，采取大外飘设计，获得了1.2万平方米的飞行甲板面积，布置了2部蒸汽弹射器，保证了E-2C预警机上舰。岛型建筑前置位于飞行甲板右侧，两台升降机在岛式建筑后部，为后部停机区留出了较大空间，弹射器靠左舷布置，使右舷有可停放20架飞机的停机区，以便飞机回收。

"戴高乐"号航母采用了2座装备核潜艇的K-15型核反应堆，K-15型反应堆采用一体化设计，总功率为300兆瓦，2台阿尔斯通公司汽轮机，功率为61兆瓦，双轴推进。K-15型反应堆的功率小，导致航母的最大航速才27节，据说一般只能维持25节，勉强满足舰载机起飞的需要。

"戴高乐"号航母装备了舰空导弹垂直发射系统，具备较强的中程防御能力，但"西北风"近程舰空导弹的防御能力较弱。

为了减小船体横摇，保障舰载机平稳起降，"戴高乐"号航母装备了一整套名为SATRAP的自动操舰与减摇稳定系统。整个系统包括长75米、宽1.2米的舭龙骨，两组面积为12平方米的主动减摇鳍，两组横向布置的金属压载物组成的COGITE舰体横摇补偿系统，配重重量22吨。由于装备了该系统，使4万吨级的航母获得了8万吨级的稳性和适航性，在5、6级海况下也可起降舰载机。

法国"戴高乐"航母装备了哪些舰载机

"戴高乐"号航母原搭载24架"阵风"M F2/3战斗机和"超军旗"攻击机、2架从美国引进的E-2C"鹰眼"预警机和若干架直升机。"阵风"M舰载机属于轻型飞机,体积小、灵活机动,具有起降距离短、装载量大、全天候、隐身性好等特点。2008年和2010年,"超军旗"攻击机分两批全部退役。

得益于优秀的启动外形和先进的机载电子设备,"阵风"M的作战性能非常出色,由于"阵风"M舰载机无法折叠主翼,因此在空间本就狭小的"戴高乐"号上使用非常不便

"阵风"战斗机是法国达索飞机公司设计开发和建造的双引擎、三角翼、高灵活性多用途战斗机，是法国海空军的主力机型。1986年7月4日，"阵风"战斗机首次试飞，2002年开始服役。"阵风"战斗机的火控雷达是欧洲第一种机载多功能相控阵雷达，在对空模式下可自动跟踪8个目标，并能同时攻击其中4个目标，该雷达最大的有效搜索距离可达150千米。在对地攻击模式下，可完成对目标测距、地图测绘和发射空地导弹等任务。同时，"阵风"战斗机还有一套红外／电视光学瞄准系统，主要用来辅助雷达发现和跟踪空中目标，其红外探测器发现目标的最大距离，对战斗机类目标为80千米、对大型目标为130千米；电视的探测距离为45千米。"阵风"战斗机有14个外挂点，最大载弹量高达9吨以上；可以携带各种先进的空对空和空对地攻击武器。最大平飞速度（高空）马赫数为2.0，作战半径1093千米。军用飞机"二战"后的发展划分为一代机、二代机、三代机，"阵风"战斗机是目前欧洲国家中水平最高的三代半战斗机。它虽然没有采用像F-22"猛禽"第四代战斗机的技术，但比起现在服役的第三代战斗机它采用了大量的现代技术，因而其综合作战性能有了很大提高，有进一步发展的潜力。

　　E-2C预警机外形如一架上单翼双涡桨发动机的中小型客机，以两台4910马力的涡桨发动机为动力，最大时速590千米，最大续航时间6小时，可在距航母320千米的空中执勤4～5小时，最显著的特点是背上装有一个直径7.3米的圆盘形雷达天线，当E-2C预警机在高空巡逻时，圆盘每分钟旋转6圈，雷达可发现740千米远的高空轰炸机、460千米远的低空轰炸机、408千米远的低空战斗机、270千米远的低空巡航导弹和360千米远的舰船。E-2C预警机不仅有搜索能力，而且有自动指挥引导能力，能同时跟踪数百个空中、海上和地面目标，并引导己方战斗机进行空战，引导攻击机攻击目标；能向航母传递海空敌我位置的信息，提出"最佳攻击方案"供指挥官参考。

　　AS532"美洲狮"是欧洲直升机法国公司研制的双发多用途直升机。1978年9月，该公司研制的AS332"超美洲豹"首飞成功，1981年开始交付使用，并于1990年将军用型重新命名为"美洲狮"。AS532"美洲狮"的旋翼为4片全铰接桨叶，4片尾桨叶，其起落架为液压可收放前三点式，前轮为自定中心双轮，后轮是单轮，并装有双腔油-气减振器。AS532"美洲狮"的动力装置为两台透博梅卡公司的"马基拉"1A1涡轴发动机，单台最大应急功率

1400千瓦，其进气道口装有格栅，可防止冰、雪及异物等进入。其机载设备可根据不同的需要灵活调整。

AS532"美洲狮"舰载直升机

俄罗斯（苏联）研制的核动力航母

苏联是除美国之外唯一建造过大型核动力航母的国家，苏联解体前曾研制过一艘"乌里扬诺夫斯克"号核动力航母，项目代号1143.7，设计满载排水量达74900吨，舰上采用了滑跃起飞甲板，用于起飞苏-33舰载机，在斜角甲板上安装的2部蒸汽弹射器主要用于起飞发动机推重比较小的"雅克"-44预警机。由于在舰载机组成中没有攻击机、反潜飞机和电子战飞机，所以载机达60架的"乌里扬诺夫斯克"号算不上多用途航母。舰上装备了12枚射程超过500千米的P-700"花岗岩"反舰导弹（北约代号SS-N-19），6座八联装3K95"匕首"舰空导弹（北约代号SA-N-9）发射装置，8座"短剑"近防武器系统（北约代号CADS-N-1），8座AK-630防空火炮以及2座RBU-12000火箭深弹发射装置。

苏联为了建造核动力航母，在1144型"海鹰"巡洋舰（即"基洛夫"级）的KN-3型的基础上，研制KN-3-43型反应堆，功率增加到了305兆瓦。该舰计划装备4座KN-3-43型反应堆、4座蒸汽轮机，带动4根推进轴，总功率据称可达24万马力。4座KN-3-43型反应堆和蒸汽动力锅炉同时为蒸汽轮机提供动力时，航速可达30节。苏联解体后，未完成建造的该航母归乌克兰所有，但因多种原因于1993年被拆解。

苏联海军的遗产——"库兹涅佐夫"级航空母舰

1143.5-6型（"库兹涅佐夫"级）航母是苏联继1143型（"基辅"级）之后建造的第3代航母，共建造了2艘。该航母由俄罗斯涅夫斯基设计局设计，黑海造船厂（现已归属乌克兰）建造。"库兹涅佐夫"号于1982年开工，1990年服役，配属俄罗斯海军北方舰队。该舰采用航母典型的斜直两段式飞行甲板，同时还采用了滑跃起飞甲板。满载排水量达59100吨，水线长280米，水线宽37米，吃水10.5米，飞行甲板长304.5米，宽70米；动力装置为8台锅炉、4台蒸汽轮机，20万马力，4轴推进，最高航速达30节；航速为29节时续航力为3850海里，航速为18节时为8500海里；舰员2586名，其中200名军官、620名航空人员、40名旗舰人员。航母舰首水上部分有明显的外飘，甲板舷采用圆弧连接；水下部分设球鼻首，用于安装声呐换能器；方尾，尾板较宽，舭部为圆形；主船体从飞行甲板往下有7层甲板、2层平台和双层底，共10层甲板；全舰约2500个床位，其中400个为预留。

　　舰首设有滑跃甲板，左舷侧有与船体呈7度夹角的斜角甲板，用于舰载机着舰动线，斜角甲板后部设有4道阻拦索。飞行甲板上有3条起飞动线，其中两条为舰肩部至舰首，跑道长105米；另一条动线为左舷斜角甲板中部至舰首，跑道长105米，用于起飞载荷重的飞机。

　　该舰配备了各国航母罕见的重装备，舰首飞行甲板下方装有1座十二联装P-700"花岗岩"反舰导弹垂直发射装置，舰尾两舷各布置了1座十联装RBU-12000火箭深弹发射装置。防空武器有4座六联装9K35短程防空导弹垂直发射装置、8座"短剑"弹炮结合防空武器系统、6座AK-630型6管30毫米炮。

俄罗斯"库兹涅佐夫"号航母装备了哪些舰载机

　　"库兹涅佐夫"号航母可搭载28架苏-33战斗机和15架卡-27直升机。

　　介绍苏-33战斗机，不得不先介绍苏-27战斗机。苏-27战斗机是苏联苏霍伊设计局研制的单座双发全天候空中优势重型战斗机，1971年开始研制，1977年首飞，属于第三代战斗机。苏-27战斗机采用翼身融合的升力体设计，正常式气动布局、上单翼、双垂尾,远间距悬挂式发动机,在大迎角机动时边条产生的涡流起到增升作用,提高了可操纵性能。机身过度平缓圆滑,降低阻力,吊舱式发动机增加了发动机的可维护性。在机尾两发动机之间,设有扁平的尾椎,可以通过延缓涡的破裂减小阻力,在提高操作面控制效率的同时,还可以增加燃油、减速伞和干扰弹的储放空间。苏-27战斗机的动力装置为2台留里卡设计局的AL-31F涡轮风扇发动机,发动机的稳定性高,喘振消除系统可在飞行过程中自动启动,以保障发射机载武器时动力系统依然能够可靠地运行。苏-27战斗机不但使用寿命比较长,而且模块化的设计也简化了维修程序。苏-27战斗机武器包括一门30毫米机炮。作为一种多用途的战斗机(战斗/攻击机),苏-27共有10个外挂点,可携带R-73M近程空空导弹、R-27ET和R-27ER中程空空导弹等多种型号的先进的空空导弹,具有超音速突防能力的KH-31反舰导弹等多种空射导弹和常规炸弹等。

　　苏-33重型舰载战斗机是苏联苏霍伊设计局在苏-27的基础上研制的单座双发舰载机,武器挂点增至12个。1975年开始研制,1987年8月首飞,当时称苏-27K,1989年11月首次在"库兹涅佐夫"号航母上进行着舰试验,不久改

苏-33舰载机机翼折叠后非常节省空间,缺点是限制了机翼外侧的挂载重量

名为苏-33，北约起绰号为"海侧卫"。1993年4月装备俄罗斯海军，1998年8月正式列入作战编制，现有23架装备于俄罗斯海军唯一的"库兹涅佐夫"号航母。

由于航母甲板的起飞距离有限，因此对舰载机的发动机提出了更高的要求。苏-33发动机的最大加力推力达12800千克，在舰上起飞的最大重量达33吨，最大有效载荷达6500千克。

在飞行控制系统和飞行性能方面，苏-33采用了四余度数字式电传操纵系统代替苏-27上采用的模拟式系统。数字式电传操纵系统和前翼的使用使苏-33的敏捷性有所提高，飞机操纵更加轻巧灵活，解决了苏-27模拟电传系统中存在的滞后现象。苏-33的空战能力较苏-27大为提高。

从技术上来看，苏-33的雷达与苏-27的雷达在对空方面性能类似，在对地作战能力上存在对杂波干扰较强的地面目标进行探测的能力不足，可以认为苏-33的雷达系统可以比较好地完成对空和对海作战的任务，但是对地面目标的探测和攻击能力明显不足。在未来由海向陆的作战模式下，提高对地探测和攻击能力是苏-33必须弥补的重要环节。

卡-27直升机（北约绰号"蜗牛"）是苏联卡莫夫设计局研制的一型军用反潜直升机。卡-27是一种共轴反转双旋翼直升机，也是一种双发动机多用途军用直升机。1969年开始设计，原型机1974年12月试飞，20世纪80年代初研制成功并投入生产。1982年卡-27开始服役，主要任务为运输和反潜。卡-27可以探测潜深500米，航速75千米/小时的潜艇；可在5级海况下操作，作战距离达200千米；任务巡航时间可达4.5小时，且有45分钟余油；可挂载406毫米鱼雷。在攻击任务中，通常采用双机编队，一架负责探测，一架负责攻击。由于卡-27的共轴双旋翼有着先进的性能，升重比高，总体尺寸小，机动性好，易于操纵，能保证在海上平台和恶劣气候中的飞行安全。操纵的简易和优秀的导航系统还使得卡-27在漫长的作战任务中可以只由一名飞行员驾驶，无论季节气候、白昼黑夜，即便仪表飞行也轻而易举。座舱宽敞、视野良好，飞行员座椅在左边，易于观察前方和下方，导航员和武器操作员在右边。对于卡-27的飞行员来说，由于卡-27没有尾桨，飞行员无须踩在踏板上控制尾桨，因此可以在需要的时候站起身向外观察。

印度"维克拉玛蒂亚"号和"维克兰特"号航母

1957年,印度从英国购买了"二战"期间建造的"赫拉克勒斯"号航母,对其进行改造后命名为"维克兰特"号航母。1997年,该航母因服役年限过长而退役。1991年,印度为维持双航母编制,从俄罗斯采购"基辅"级航母"戈尔什科夫苏联海军元帅"号,2013年11月16日印度海军接收后命名为"维克拉玛蒂亚"号航母。"维克拉玛蒂亚"号航母全长283米,舰宽51米,吃水10米,最高航速29节,舰员1326人。航母装有以色列制造的"闪电"近程防空导弹、俄制"栗子"弹炮结合近程防御武器系统(音译"卡什坦",是"短剑"系统的出口型)。

20世纪70年代起,印度海军开始论证国产航母方案。2011年12月29日,印度科钦造船厂建造的首艘国产化航母"维克兰特"号首次出坞下水,2021年8月4日首次海上试航,2022年9月2日"维克兰特"号正式服役。"维克兰特"号航母舰长262.5米,宽61.65米,吃水8.4米,满载排水量43000吨,最大航速28节,以18节速度可航行7500海里,人员编制约1400人。"维克兰特"号上装配了远程防空导弹、AK-630近防炮和76毫米舰炮,同时具备短距起飞阻拦回收能力并配置了滑跃式起飞甲板,可搭载36~40架舰载机,配备2台右舷侧升降机,宽度10米。

印度"维克拉玛蒂亚"号航母为何选定米格-29战斗机

在"维克拉玛蒂亚"号航母舰载机选型方面,1996年,印度与俄罗斯就购买"戈尔什科夫苏联海军元帅"号航母及舰载机展开谈判之后,米格集团将尘封多年的米格-29K原型机启封，并在当年进行了3次飞行试验，直到1999年7月与印度方面开始细节谈判时才恢复全面试验。1999年11月，米格集团开始设计印度海军的米格-29K/KUB，这一方案曾被称为米格-29K-2002。由于同一时期，米格集团研制的岸基型米格-29SMT获得极大的成功，所以米格-29K的现代化升级大量借鉴了米格-29SMT的成熟技术与经验。米格-29K-2002既能够完成制空作战任务，又可执行对地、对海、侦察及电子战等多种作战任务，其空战机动性、目标搜索能力、航程、载弹量等基本性能都较原先的米格-29K有了很大提高。经过近十年的研发试验，印度海军已接收45架米格-29K/KUB，但因各种事故已损失多架飞机。

米格-29K/KUB舰载机是一型多用途舰载战斗机，执行空战任务时，米格-29K/KUB的主要武器是R-77主动雷达制导中程拦射空空导弹和R-73红外制导近距格斗空空导弹。其中，R-77是俄罗斯第一种真正"发射后不用管"的空空导弹，它可拦截攻击机动过载大于12G的空中目标，也能攻击巡航导弹、直升机及空地导弹等多类目标。最新型号R-77M采用火箭/冲压组合发动机，射程增大160千米，并可攻击预警机。R-73红外近距格斗弹进行了较大改进，

由基辅级改造而成的"维克拉玛蒂亚"号航母

换装先进的双波段多元光敏导引头，导弹的灵敏度和射程提高了近2倍，可跟踪并捕获离轴角度达90度的目标，同时导弹能自动判别闪光弹和红外欺骗诱饵弹。

执行对海（地）攻击任务时，其主要武器是3M54和改型KH-35空舰导弹。此外，米格-29K/KUB还可能装备KH-31P反辐射导弹和空地导弹。

经过不断的改进，米格-29K/KUB能在全天候、强电子干扰情况下进行单机种作战，还可以作为小型指挥机指挥其他战机执行对空、对地及对海作战任务。据有关资料报道，未来的米格-29K/KUB战机将具备"互联、互通、互操作"的一体化综合作战能力。

令人遗憾的是，米格-29的最初设计定位是前线制空战斗机，其作战半径和任务载荷能力这两个指标相对于所有同级第三代战斗机来说是最低的。从各国舰载战斗机的发展历程看，对作战半径和任务载荷能力的要求越来越高，而米格-29K/KUB受限于米格-29的原始设计，虽然经过改进仍难以满足这方面的发展要求。

米格-29K舰载机正在起飞

印度"维克兰特"号航母如何选择舰载机

从20世纪60年代至今,印度海军已更新了三代舰载战斗机,分别是"海鹰"战斗机、"海鹞"战斗机和米格-29K舰载机。

在"维克兰特"号航母舰载机选型方面,印度海军原计划搭载26架俄罗斯的米格-29K固定翼战斗机和10架卡-31、西科尔斯基公司的MH-60R、韦斯特兰"海王"及印度自研的"北极星"等直升机。由于俄罗斯能提供的舰载机性能不能满足印度海军需求,印度国防部明确表态称将不会选用性能落后、设计老旧的米格-29K舰载机。印度海军曾考虑将国产海军型LCA"光辉"轻型战斗机作为"维克兰特"号的舰载战斗机。该战机由岸基型LCA战斗机改型而来,采用无尾三角翼布局,飞机重量轻,升力大,并于2023年2月成功实现该机在舰上的起降,但因其气动布局不适合在舰上起降以及机身偏小,导致性能欠佳,印度海军已明确表示不会采用该战机作为国产航母舰载机。因此,印度

舰载型LCA"光辉"战机在陆上训练场进行滑跃起飞测试

鉴于印度空军已经装备了"阵风"战机,因此引进"阵风"M舰载型顺理成章,只是需要针对印度航母的滑跃起飞方式进行改装

又比较了法国"阵风"M战机和美国的F/A-18E/F"超级大黄蜂"战机。《印度斯坦时报》网站2022年12月报道,印度海军最终决定选用"阵风"M战机作为国产"维克兰特"号航母舰载机,2023年7月14日,印度从法国采购26架"阵风"M舰载机,希望"阵风"M战机可以帮助印度首艘国产航母"维克兰特"号尽快形成战斗力,但从目前看来这一设想面临较大阻碍。一方面,"阵风"M战机采用不可折叠机翼,翼展有10.8米,大于"维克兰特"号升降机宽度(9.12米),改装航母的升降机尺寸存在很大难度;另一方面,"阵风"M战机是按弹射起飞方式设计的,"维克兰特"号航母采用滑跃起飞方式。

泰国"查克里·纳吕贝特"号航母及其装备的"鹞"式战斗机

"查克里·纳吕贝特"号航母是泰国皇家海军的第一艘航母,也是世界上吨位最小的航母。1992年,泰国海军与西班牙巴赞造船公司签订了航母订购合同;1996年1月20日,"查克里·纳吕贝特"号航母下水;1997年3月27日移交泰国海军;1998年正式投入使用。"查克里·纳吕贝特"号航母舰长182.6米,舰宽30.5米,吃水6.2米,满载排水量11485吨,航速26节,人员编制601人。该航母装备有4套"萨德拉尔"六联装防空导弹系统,舰载机标准配置为9架AV-8S"鹞"式战斗机或14架SH-3"海王"直升机。

"鹞"式战斗机是由霍克飞机公司和布里斯托尔航空发动机公司研制的一型亚音速喷气式二代半战斗机,也是世界上第一种实用型垂直/短距起降飞机。该机于1966年8月31日首飞,1969年4月开始装备部队。"鹞"式战斗机是航母舰载型,为多用途战斗机,兼具侦察和攻击等功能。由于在航母上使用,"鹞"式战斗机强化了抗盐蚀能力,使用抗腐蚀合金的飞马MK104发动机,机身结构也进行了相关优化,此外发电机供电量也较先前型号更强。虽然具备垂直短距起降能力,但是为了保证挂载能力和更长的滞空时间,"鹞"式战斗机一般不采用高耗油的垂直起飞方式,而是选用短距起飞的方式。因为军费紧缺,"鹞"式战斗机的维护成本高,尽管该型航母还处于服役状态,但"鹞"式战斗机其实已经停用,舰载机为封存状态,航母现停在港口内供参观游览。

"查克里·纳吕贝特"号的主甲板长期以来都是这样空荡荡的状态

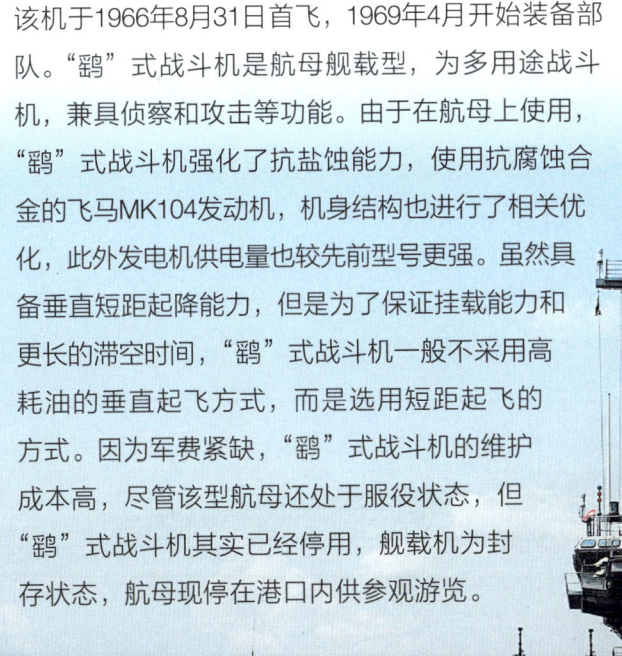

世界上第一艘全通式飞行甲板航母

1914年,第一次世界大战在欧洲全面爆发,战争迫使英国改进海军装备,航母应运而生。1917年,英国的设计师们开始对航母的结构进行新的重大修改,在吸收美国技术和教训的基础上,英国对意大利商船"库帝罗索"号的船体进行改造,建成了世界上第一艘全通式飞行甲板的"百眼巨人"号航母。"百眼巨人"号于1918年完工,可载机20架,同年9月正式编入英国皇家海军。据史料记载,"百眼巨人"号的舰载机采用了"杜鹃"式鱼雷攻击机,它拥有折叠的机翼,具有很强的进攻能力。由于这种飞机建造的速度太慢,以致第一批准备上舰的飞机未能赶上第一次世界大战。虽然"百眼巨人"号未参加过激烈战斗,但它是世界上第一艘真正意义上的现代航母,其诞生标志着世界海上力量发生了从制海到制空、制海相结合的一次革命性变化。

第一艘全通式飞行甲板航母"百眼巨人"号

航母的飞行甲板分类

飞行甲板是航母舰载机飞行活动的中心，也是航母设计的出发点。舰载机一般有3种起飞方式：利用弹射器起飞、垂直起飞和滑跃起飞，因此飞行甲板可分为平甲板和滑跃甲板。所谓滑跃甲板是在航母的首部装设一段向上翘曲的抛物线形跑道。飞机沿滑跃甲板起飞，从而获得一个向上的动量，增加了起飞后加速所需的滞空时间，以至可以在比平甲板小的末速度下使飞机起飞。滑跃甲板使飞机在较短的滑跃起飞跑道上完成在普通的较长跑道上才能完成的滑跑起飞。

美国航母的舰载机均利用弹射器起飞，所以都为平甲板。航母飞行甲板还可分为直通甲板和斜通甲板。从初期的航母到20世纪50年代，航母的飞行甲板都是直通甲板。直通甲板航母在甲板中心线上只有一条跑道，着舰的飞机依

弹射型航母的特征——平甲板

次停放在跑道的前端。飞机起飞时，必须先将前甲板清空，飞机都移至甲板的后端。直通甲板起飞、着舰作业不能同时进行，而且不安全，飞行甲板使用效率低，循环作业周期长。为适应喷气式飞机上舰的需要，英国最先提出了斜角甲板的概念，即将飞行甲板分为航母甲板前部供起飞的直通甲板和位于飞行甲板左侧供降落的斜角甲板。斜角甲板的优点在于把飞行甲板的起飞区和着舰区错开，使两者作业互不干扰，增强了安全性，缩短了飞行甲板循环作业周期，提高了飞机的出动率。现代常规固定翼飞机航母为了提高作战能力，减少着舰事故，都采用了斜角甲板。

滑跃型航母甲板

"企业"号核动力航母的飞行甲板和机库

"企业"号航母的飞行甲板由斜角甲板和直通甲板组成，包括着舰区、起飞区和停机区三大部分。舰前部甲板为起飞区，后部斜角甲板为着舰区，这种布置的最大优势就是舰载机能同时起飞和降落，且互不干扰。"企业"号飞行甲板上布置有岛式上层建筑、弹射器、阻拦装置、升降机等。岛式上层建筑

"企业"号甲板布局

位于右舷。4部弹射器中的2部在首部，另2部在斜角甲板降落区。阻拦装置布置于斜角甲板后部，设4道阻拦索和1道阻拦网。4部飞机升降机位于舷侧，右舷3部，其中岛式上层建筑前2部，岛式上层建筑后1部，从前到后依次是1号、2号、3号升降机；左舷1部位于飞行甲板后部，为4号升降机。飞行甲板以下最大的舱室是机库。"企业"号航母机库高7.62米，相当于3层甲板高，长223.11米，宽29.26米。机库采用封闭式，更有利于飞机的停放、防护和维修。为确保安全，库内设有美国最先进的消防灭火系统。

美国海军"尼米兹"级核动力航母飞行甲板的特点

美国海军"尼米兹"级航母，飞行甲板从舰首一直延伸到舰尾，呈斜角布置、左舷布置斜角甲板、略为外伸，如"罗斯福"号的飞行甲板长达332.9米，斜角甲板向前伸展（约12米），以保障舰载机得到更多的有效的运用空间。"布什"号重新设计了飞行甲板，飞行甲板的长度根据实际情况有所缩短，甲板的边缘呈弧形，甲板上的起重机采用了商业现成的装备；飞行甲板上取消了舰首右舷的1号升降机，将2号升降机加大，舰尾右舷的3号升降机和舰尾左舷的4号升降机的位置也作了调整，以改善恶劣海况下的操作安全性。

"尼米兹"级外形上给人印象最深的无疑是它平台宽阔的飞行甲板，长达332.9米，与舰体长度相当，宽度达76.8米，几乎是舰体宽度的2倍，整个飞行甲板面积足有3个足球场大，斜角甲板的长度就达200多米。飞行甲板上设置4部长94.5米的C13-1型蒸汽弹射器，可以把最大起飞重量达30吨的重型作战飞机以每小时360千米的速度弹射出去，4部弹射器同时使用，1分钟就可以弹射8架飞机。在斜角甲板上则横向设置了4根阻拦索和1道阻拦网，可使着舰飞机在短短60～90米完全停止，白天每隔35～40秒、夜晚每隔60～90秒回收一架飞机，起降快速高效。

"尼米兹"级甲板布局

美国海军"福特"级航母与"尼米兹"级航母的飞行甲板有何不同

"福特"级航母为纠正"尼米兹"级航母飞行甲板的缺陷,重新设计了飞行甲板,加宽了几个小段,以便改进飞机的调度、存放和移动。舰岛比"尼米兹"级的更小、更靠后。飞行甲板重新设计布局后最大的效果是缩短了飞机加油、检查和武器装载所必须移动的距离,从而节省了时间。重新设计武器运送路线也相应提高了舰载机的出动架次率。"福特"级的飞行甲板设计要求飞机在着舰和准备下次弹射起飞之间只能一次后推。除提高架次率以外,减少了飞机升降机数量和机库隔间数量,缩小了舰岛尺寸,这些都有助于增加"福特"级舰的排水量储备和重心储备。最后,减少飞机在飞行甲板上的移动将减轻工作量和降低人力要求。

"尼米兹"级(下)与"福特级"(上)甲板设计对比

核动力航母的"岛"式上层建筑为什么越来越小

"岛"式上层建筑是航母上唯一对舰载机的起降造成影响却又不得不存在的部分。尽管上层建筑使飞行甲板面积减小，并影响起降舰载机，但是上层建筑是航母配备的各种探测设备和通信天线的栖息地，并且它上面设有指挥控制飞行作业的舰桥、司令台和舰长室、司令官室。较高的舰桥以及过大的上层建筑，存在种种弊端，因此大型航母实现了上层建筑的小型化，也消除了排烟对舰载机着舰造成的不良影响。操纵台数量众多，信息显示系统也较为庞大，因此与空间相对狭小的上层建筑相比，空间相对宽阔的飞行甲板下层更适合布置这些设备，为大范围复杂的作战指挥提供了保障。经过现代化改装，大型航母的使用寿命极大地提高了，随着舰龄的增长，上层建筑上的天线和探测设备也

"福特"级航母（近）与"尼米兹"级（远）航母舰岛对比，"福特"级航母在舰岛安装6部相控阵天线的情况下，成功地将尺寸控制到比"尼米兹"级更小巧

不断地得到更新，并且一些航母的上层建筑都加装了用于支撑雷达的结构与近程武器系统平台，使航母的外形发生了很大变化。

美国海军核动力航空母舰的"岛"式上层建筑越来越小。如"尼米兹"级航母的最后一艘"布什"号新设计的岛形建筑外形尺寸较小，且外壁向内倾斜，采用多种隐身措施。传统"尼米兹"级航母上有众多的各型雷达与通信天线，这些林林总总的雷达由主动式相控阵多功能天线取代，全部实现内置化，安装于舰桥的平板内壁，使得建筑物外表整洁光滑，具有明显的隐身特征。根据"网络中心战"思想，美军未来将利用计算机网络对部队实施统一的作战指挥，即利用网络将地理上分散的各部队、各种武器联系起来，实现信息共享，实时掌握战场动态，缩短决策时间，减少决策失误，以便对敌人实施快速、精确、连续的打击。"布什"号航母作为"网络中心战"的平台，"岛"式上层建筑更多地相当于人的"眼和嘴"，而作战控制系统等"大脑"则移至主船体内。为提高航母获取信息的能力，"布什"号上装备了升级改进后的E-2C"鹰眼2000"预警机，安装AN/SPS-48E、AN/SPS-49A、AN/SPN-43C和AN/SPQ-9B等雷达，既加强了信息感知能力，又为缩小上层建筑创造了条件。

"企业"号航母的岛式上层建筑具有什么特点

航母上集中在飞行甲板中部右舷侧的上层建筑被称为"舰岛"。由于采用核动力装置，与常规动力航母"福莱斯特"级、"小鹰"级相比，"企业"号舰体结构和总体布置发生了不小的变化，其中最明显的变化就是"舰岛"。"企业"号由于取消了常规动力航母所必需的粗大而笨重的进气管道和烟囱，岛式上层建筑的体积明显缩小，线型简洁明快，更为紧凑和平整。舰桥呈方柱形，布置更为合理，视野开阔，更加符合指挥人员和航空人员的要求。舰桥顶部四周错落有致地排列着各种电子设备和天线，包括对空雷达、三坐标雷达、电子战装置及相关的火控雷达。舰桥顶端中部高高矗立着一根十字架式桅杆，分别布置有对海雷达、目标识别雷达、卫星通信天线以及导航系统。"企业"号岛式上层建筑原来中下部是方柱形，上部是圆锥形，顶端是一根十字架式桅杆。

"企业"号核动力航母小巧的舰岛设计

"小鹰"号航母受限于巨大的烟道，舰岛尺寸无法与"企业"号相比

上层建筑有呈矩形的相控阵雷达，其天线布置在上层建筑的四面。1979年1月，"企业"号在完成第9次西太平洋、印度洋部署任务返回母港后，驶抵普吉特海峡海军造船厂接受为期30个月的换料大修和全面改装。这次改装对岛式上层建筑进行了重新布置，最明显的变化是拆除了带有电子对抗设施的圆锥形"蜂窝"结构以及AN/SPS-32和AN/SPA-33雷达，加装了引导MK29发射装置发射"海麻雀"导弹的制导雷达。

"尼米兹"级航母的岛式上层建筑具有什么特点

　　岛式上层建筑是航母航行和飞行作业的指挥和控制中心，也是航母观测以及与其编队联系和实施指挥的主要部位。"尼米兹"级航母的岛式上层建筑上面装有几十部通信、导航天线和其他雷达天线。上层建筑的最上层是航空舰桥（主飞行控制室），用于指挥飞机起降作业。紧接着下面两层分别是航海舰桥和司令部舰桥，下面还有舰长室、飞行甲板控制室等。岛式上层建筑顶部主要安装有以下电子设备：SPS-48E三坐标E/F波段雷达，可在数百千米距离探测到飞行高度为数万米的飞机；SPS-67（Ⅴ）1对海搜索雷达，可捕捉低空目标；SPS-49（Ⅴ）5或SPS-49A（Ⅴ）1远程对空搜索雷达；MK95火控雷达；SLQ-32（Ⅴ）4型电子战系统；URN25"塔康"空中战术导航雷达及卫星通信天线等。

"尼米兹"级舰岛特写

"企业"号航母的总体结构与布置

"企业"号航母是第二次世界大战后在常规动力航母"福莱斯特"级和"小鹰"级的基础上设计的,除动力装置外,某些结构和布置与这两级舰大致相同,与"小鹰"级的相似度更高。如采用封闭式防风舰首,舰体从舰底至飞行甲板形成整体式箱形结构;为保持主舰体的结构强度,不允许有锐角开孔,因而舷侧飞机升降机到机库内的大开口均为长圆孔;机库为封闭式机库,飞行甲板作为强力甲板,采用厚度达50毫米的高强度钢制成;关键部位敷设装甲,水下部分的舷侧装甲厚达150毫米;设有多层防雷隔舱等;设有斜角飞行甲板。"企业"号的岛式上层建筑位于飞行甲板中部右舷,大致可分为7层。从下至上第1层到第7层包括:高级军官舱、电子设备区、维护保养区、编队司令部、航海舰桥和航空舰桥。飞行甲板以下可分为11层:向下第1层是下级军官

071

集会室、舰长休息室、高级军官休息室以及军官特等舱，第2层为战斗情报中心和空战指挥中心、各种辅助舱、舰员住舱和修理设备间等，第3层设有各种办公室、修理间、电池间、理发间和百货商店等，第4层为机库甲板，第5层为医院、军官特等舱、舰员舱、各种办公室、厨房及餐厅、柴油机舱、电站和飞行员预备舱等，第6层为住舱、机械间、军士长厨房及餐厅、电工间、油舱、弹药舱、配电板和辅机舱等，第7至第10层为主机舱和反应堆舱，第11层为内底水舱和油舱。

"尼米兹"级核动力航母的总体结构与布置

"尼米兹"级航母的舰型总体结构、基本布置沿用了改进的"福莱斯特"型和"小鹰"级的基本设计，采用封闭式舰首、封闭式机库、斜角甲板、舷侧飞机升降机，舰体从舰底至飞行甲板形成整体式的箱型结构，飞行甲板为强力甲板，保证了高性能飞机着舰的要求。"尼米兹"级航母从龙骨到桅顶，高达76米，相当于一幢20余层楼房高。飞行甲板距水面距离为19.11米，距基线距离为30.63米。飞行甲板以上的"岛"式结构为上层建筑，大致可分为7层。飞行甲板以下可分为11层。该级航母设有2个锚，每个锚重达30吨，锚链每环重为163.3千克，在发生紧急情况时，可远距离进行操锚作业。

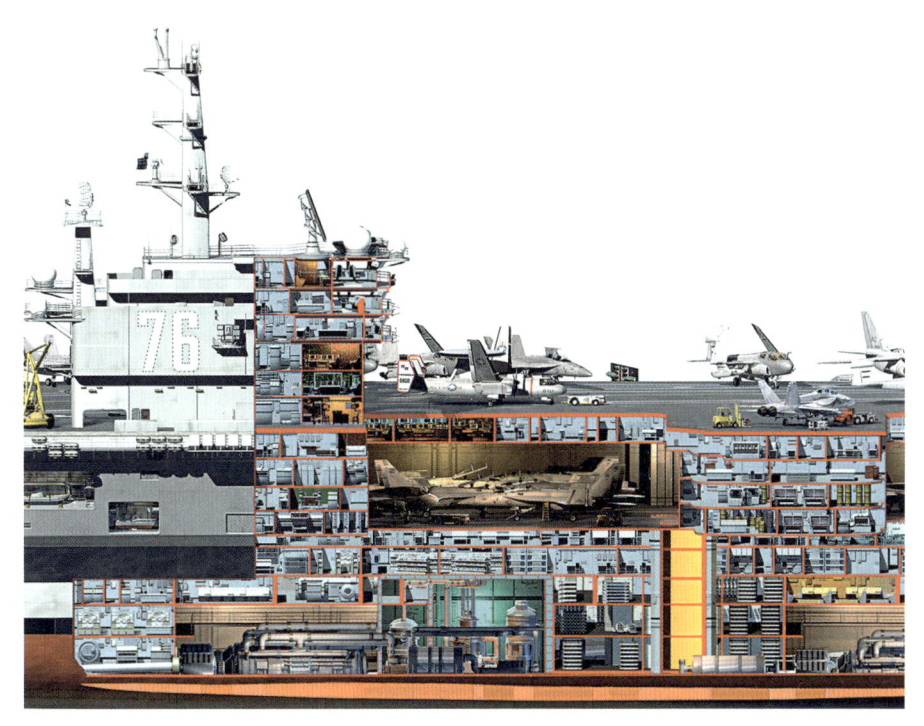

"尼米兹"级船体结构剖面图

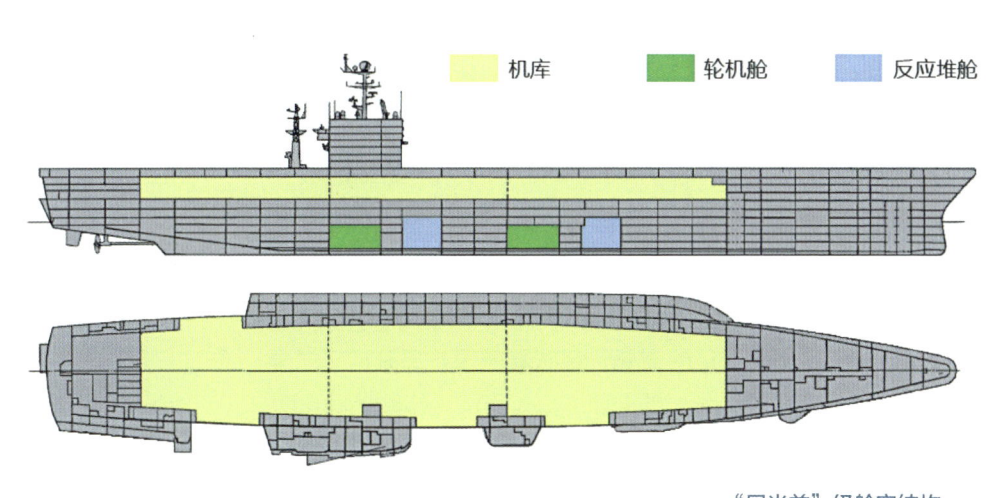

机库　　轮机舱　　反应堆舱

"尼米兹"级舱室结构

美国海军最后一艘常规动力航母是何时退役的

1903年12月17日,莱特兄弟在美国北卡罗来纳州一个名为"小鹰"(Kitty Hawk)的小镇附近首次成功驾驶航空器升空,拉开了人类航空史载人飞行的序幕。为了纪念"铁鸟飞天"这一具有历史意义的事件,美国海军曾先后两次以"小鹰"来命名军舰。2009年5月12日退役的"小鹰"号航母是第二次命名也是美国最后一艘常规动力航母,其标准排水量为60100吨,满载排水量为86000吨,舰长323.8米,舰宽76.8米,吃水11米;装有4台蒸汽轮机、8座锅炉,分4个机舱布置,每个机舱有1台蒸汽轮机、2座锅炉;每个机组有一个控制室,4轴带动4个直径为6.4米的5叶螺旋桨。从舰底到飞行甲板共有10层,舰桥有7层甲板,全舰共17层;全舰共有约1500个舱室,其中人员住舱150个,各种油、水舱及空间892个,机舱和操纵室57个,仓库154个,电缆舱16个,以及各种通道等。"小鹰"级航母共建造4艘,分别是:1号舰"小鹰"号(CV-63),1956年立项,1961年4月29日正式服役;2号舰"星座"号(CV-64),1961年10月27日建成;3号舰"美国"号(CV-66),1965年1月23日建成;4号舰"约翰·F.肯尼迪"号(CV-67),1963年获得批准建造,较前3艘舰有所改进,1968年服役。目前4艘航母均已退役,2号舰被拆解,3号舰作为航母打击验证对象被炸沉。"小鹰"级的谢幕,意味着美国航母开启了"全核时代"。

"小鹰"号常规动力航母

世界上第一艘核动力航母的研制背景

第二次世界大战结束后，为了继续保持其海军优势，夺取海上控制权，实现其全球战略目标，美国海军采取了两项措施：一是淘汰一批舰龄长、吨位小、性能差的航母，封存或报废大部分战列舰；二是着手设计和建造一批载机多、能有效操作喷气式飞机、性能好、适应现代海战需要的超大型航母。1950年，在美国"核潜艇之父"里科弗的多方游说下，美国海军作战部部长福莱斯特·谢尔曼对核动力装置的兴趣陡增。1952年1月，美军完成了航母核反应堆的选型研究，在美国海军"福莱斯特"级航母的基础上，完成了世界上第一艘核动力航母"企业"号的设计。2012年12月1日，服役时间达51年的"企业"号在诺福克海航站退役。2013年3月开始，"企业"号在纽波特纽斯船厂进行核反应堆拆卸，一直持续到2015年，最后被拖往华盛顿进行舰体拆解。

"企业"号是世界上第一艘装备核动力推进装置的航母，1958年2月4日开工建造，1961年11月25日建成服役。由于采用了核反应堆作为动力装置，"企业"号无论是在续航力、最大航速等航行性能，还是在舰载航空燃油、武器弹药和补给品，以及舰载人员工作、生活环境等各个方面都大大超越了常规动力航母。1964年，"企业"号航母与"长滩"号核动力巡洋舰、"班布里奇"号核动力巡洋舰组成核动力舰队进行了史无前例的不间断的环球航行，历时64天，总航程3万多海里，中途没有进行加油和再补给，充分展示了核动力航母超强的作战性能。

1964年，"企业"号（近）与"班布里奇"号（中）、"长滩"号（远）进行核动力环球航行

核动力航母相比常规动力航母具有哪些优势

核动力航母主要具有以下优势：①持续高速航行。核动力航母的最高航速与常规航母不相上下，但其高速巡航、续航力无限的优势更具有重要的战略和战术意义。②能携带更多的航空燃料和弹药，作战时间更长，减少后勤负担。核动力航母无须携带舰用燃油，节省出的空间可用于增加航空用油和弹药量，降低了对后勤补给的依赖度，提高了在阵位的巡逻时间。③有充足的蒸汽和电力供应，减少了高航速对弹射器的影响，就算核动力航母高速航行时，弹射器的蒸汽供应也非常充足。④能减少发动机排出的废气对飞机和雷达电子设备的腐蚀以及产生的湍流对飞行员视线的影响，提高飞机起降安全性。核动力航母由于取消了烟囱，精密昂贵的舰载机、雷达电子设备不再受烟囱废气的腐蚀，减少了维修保养费用，飞行员也不再担心废气导致的湍流对着

舰飞机的不利影响。⑤防御能力更强。核动力航母没有了贯穿舰体甲板的烟道，舰体结构强度更高，整个舰体形成"气密结构"，有利于核、生物、化学防护。⑥舰上空间更大，载机更多。核动力航母由于省去了烟道，能腾出更多空间用于航空设施和人员住宿，而且由于能携带更多的航空燃料，核动力航母能比常规动力航母多搭载1个中队的舰载机。⑦速度调节方便，机动灵活。由于核反应堆的高可靠性，核动力航母能够保持几座核反应堆同时运转，随时做好高速机动准备。从全速前进到停止再到全速后退，只需调节节流阀。⑧舰员的居住和工作条件得到改善。首先，因为核动力航母不再使用燃油作为主机的能源，舰员不会受到烟囱排放的烟气和有害气体的影响，舰内也听不到蒸汽锅炉鼓风机发出的刺耳的噪声；其次，舱室空调效果好，居住宽敞舒适。

航母的核动力装置是如何工作的

　　航母的核动力装置现有的发展途径主要有两种：一种是美国所采取的方式，即在核潜艇反应堆的基础上，加以放大或适当改进衍生出来的；另一种是法国"戴高乐"号核动力航母采取的方式，选用与核潜艇同一型的反应堆，并增加安全防护屏。从实际使用现状来看，美国所采取的做法显然更规范，效果也更好。航母反应堆虽与潜艇使用的反应堆原理相同、技术相通，但航母与潜艇本身特点、使命要求、使用环境和工作特性都有很大差异，对动力装置的要求自然也很不一样。单就反应堆功率而言，航母属于大型水面舰艇，吨位比核潜艇大得多，航速一般要求30节以上，弹射器也需要大量能源用于弹射飞机，而核潜艇95%的时间都是以低噪声航速（3~4节）航行，因此，航母的反应堆输出功率比核潜艇的大得多。法国"戴高乐"号航母在限定经费和当时技术条件的约束下，直接采用战略核潜艇上的K15型反应堆，虽然节省了经费和时间，却导致"戴高乐"号航母先天不足，2座K15反应堆的功率明显不够，其航速只有27节，是跑得最慢的核动力航母。

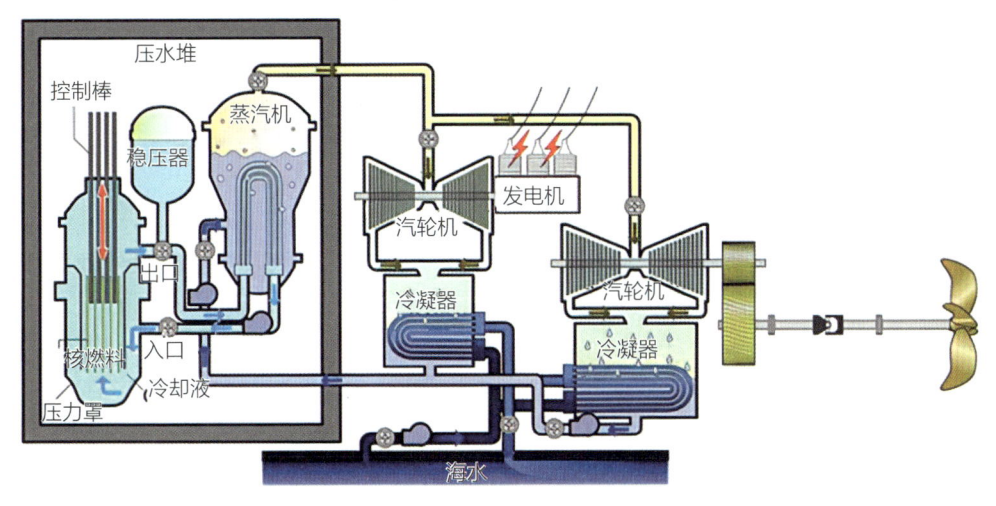

航母的核动力装置示意图

　　现役核动力航母和核潜艇一样，使用的都是压水反应堆。美国航母采用的是分散布置的压水堆，法国采用的是一体化堆。以"尼米兹"级航母为例，介绍核动力工作的原理。

　　"尼米兹"级航母采用分散布置的压水堆，用普通水作慢化剂和冷却剂，具体运作方式如下：①核反应堆堆芯内的铀原子裂变稳定地释放热能，同时，加压器向用作冷却剂的水（冷却水）加压，使水保持高沸点。由于一回路内的水压（约为15.5兆帕）较高，一回路内用作冷却剂的水受热后即使温度很高也不会沸腾，始终保持液态。这些高压水将堆芯内产生的热能带走。②由于反应堆内的水处于液态，因此还需借助蒸汽发生器产生驱动汽轮发电机组的蒸汽，这一过程需在反应堆外完成。来自反应堆的带热能的高压冷却水（即一回路水）流入蒸汽发生器传热管的一侧，经蒸汽发生器内数以千计的传热管，将热能传到管外二回路系统的水内，二回路水随即受热沸腾，变成蒸汽（二回路蒸汽压力为6～7兆帕，蒸汽的温度为275～290℃）。二回路系统与一回路系统是完全分隔的。③在二回路内，蒸汽发生器内产生的蒸汽有两个主要用途，一是驱动主蒸汽轮机，从而带动螺旋桨和轴带发电机；二是给蒸汽弹射器供气。

航母核动力推进技术的特点

核动力装置存在一些先天的不足，比如：体积、重量较大；技术密集，造价高昂；运行过程中产生放射性废物，处理麻烦；核燃料后处理代价高，技术难度大等。尽管美国海军围绕是否发展核动力航母曾几度激烈争论，采用8座压水堆的"企业"号航母昂贵的造价也曾使美国海军一度停止建造核动力航母，但美国核动力推进技术从未停止发展。21世纪的新型航母"福特"号，经过反复论证仍然选择了核动力方案，这是因为经过50多年的发展，美国的核动力推进技术有了长足进步，早已大大超出"企业"号的水平。

美国海军"福特"级核动力航母动力装置具有哪些优势

为"福特"级设计的新A1B型反应堆克服了"尼米兹"级反应堆的许多缺点，能产生约3倍于"尼米兹"级舰的日用电力。A1B型核反应堆还是一个非常简单的系统，有更少、更可靠的部件。与"尼米兹"级的反应堆相比，"福特"级的反应堆约减少50%的阀、管路、主泵、冷凝器和发生器。蒸汽发生系统使用不到200个阀，并只有8个尺码的管路。这些改进使反应堆结构更简单、维修量更低、人力需求降低，系统更紧凑。新反应堆使用现代电子控制和显示器，航行时值更站减少到约20个。这种值更人员的减少和维修量需求的大幅度降低，对减少"福特"级航母舰员人数作出巨大贡献。有关动力装置的人力将减少50%，而中级维修减少约20%，系统的全寿期总费用减少约20%。"福特"级航母中级维修间隔至少要40个月，而"尼米兹"级为18个月。以上改进为"福特"级提供了更大的可用性。

"尼米兹"级核动力航母较"企业"号在动力上有什么改进

"企业"号核动力装置由8座西屋A2W反应堆、32台蒸汽发生器、4台蒸汽轮机、4根传动轴、4个螺旋桨（单个螺旋桨重量32吨，螺旋桨直径6.4米）组成。每2座反应堆配有8台蒸汽发生器，供给一台蒸汽轮机，驱动一根轴，组成一个单元。"企业"号配有4个舵，单个舵的重量达35吨。堆型A2W由贝蒂斯原子能实验室研发，该实验室为美国国有实验室，当时由西屋公司托管。A2W单堆功率150兆瓦，可提供轴功率3.5万马力（26.1兆瓦），"企业"号上8个A2W堆提供的轴功率达到28万马力（209兆瓦），保证提供充足的动力驱动"企业"号以30多节的速度航行。"企业"号服役时，其反应堆是世界上最大的核动力设施，全速航行时续航力达14万海里；采用20节航速航行时，续航力为40万海里，相当于绕地球13圈。"企业"号初期核反应堆换料间隔时间相当短，第一次换料是在1964年11月到1965年7月，"企业"号仅服役3年。随着装在A2W反应堆的铀235浓缩度从初期的40%提高到后来的97.3%，加上其他方面的改进，其换料间隔时间逐渐增加，最后的一次换料大修是在1991—1994年进行的，这次换料所提供的能源一直维持到"企业"号退役。

"尼米兹"级是"企业"号核动力航母之后美国海军的第二代核动力航母。主机采用2座核反应堆，航速30节以上，连续航行25年之后才需要更换一次燃料。舰上同时还装有4组28万马力的蒸汽轮机和4组1.072万马力的柴油机用于提供应急动力，所有这些的发电量相当于纽约的全市总用电量。

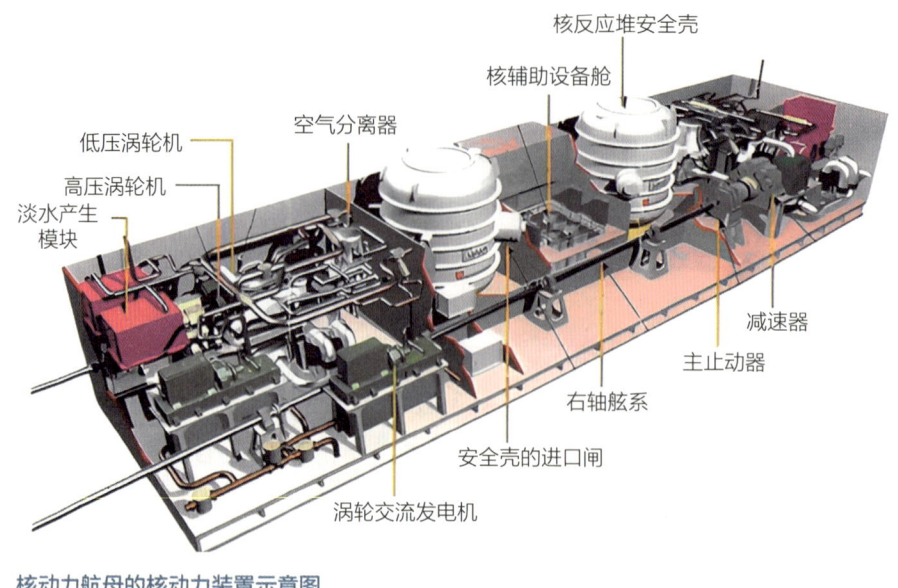

核动力航母的核动力装置示意图

英国"伊丽莎白女王"号航母的动力装置具有哪些特点

"伊丽莎白女王"号航母是英国皇家海军有史以来最大的战舰，是世界上第一种使用燃气轮机动力和全电推进技术的航母。该舰采用IFEP整合式电力推进系统，以2套单机功率36兆瓦级（4.8万马力）的劳斯莱斯MT-30燃气轮机、2套单机功率11兆瓦级（1.5万马力）的瓦锡兰制16V38B柴油机，以及2套单机功率9兆瓦级（1.2万马力）的瓦锡兰制12V38B柴油机，共同组成发电机的动力来源。

全电推进就是由舰船主机驱动发电机，发出的电流驱动感应电动机，带动推进器螺旋桨，推动战舰航行。这种方式改变了传统机械传动方式能量损耗大、接卸部件寿命短的缺点，效率更高，动力的调配更灵活，而且主机的位置不再为了迁就主推进轴而局限在底舱，方便了船舱布局。从英国媒体公布的该舰结构图可观察到，两台体积娇小的MT-30燃气轮机放置于两个舰岛下面，宽阔的烟道直接向上从舰岛处形成烟囱，最大限度地减轻了燃气轮机烟道占据大量舰体空间的影响。全电推进的这一优势，也是英国海军敢于使用燃气轮机的一大原因。

"伊丽莎白女王"号装备的MT-30燃气轮机

"伊丽莎白女王"号装备的螺旋桨（直径接近7米，重33吨）

美国航母指挥体系的构成

战略级指控系统主要担负快速、准确地传送和共享全球、战区层面的情报信息，掌握己方兵力的精确位置，辅助制订作战计划，下达作战指令，提供战区精准的通用战场态势图。战役级指控系统具备辅助决策功能，传送各类情报，制定作战方案，指挥海上编队的各种作战平台遂行作战任务。目前美国海军航母的战役级指挥与控制系统有：全球海上指挥与控制系统、战术旗舰指挥中心（TFCC）、旗舰数据显示系统（FDDS）、航母情报中心（CV-IC）、航母反潜战情报中心、航母上的战略战役情报系统。

单舰（艇）战术级指控系统的特点是信息综合处理能力强，与武器系统密切、直接关联，以指控系统为核心构成单舰（艇）的作战网络，并成为编队作战网络的重要节点。战术级指控系统通常下设各方面作战的指控系统。

美国海军的指挥序列可分为战区层面（战区司令）、舰队层面（舰队指挥中心）、编队层面（打击群指挥官、巡驱大队等指挥官）、单舰层面（舰长、副舰长、部门长）等。美国海军航母打击群的作战指挥体系大致可分为战役、战术、单舰3个层级。战役级指挥由联合任务部队指挥官等负责，主要实施战役层面的决策、指挥；战术级由航母打击群指挥官负责指挥，主要实施航母编队的整体作战指挥，各方面作战指挥官、协调官，具体实施作战行动的指挥和协调；单舰级是航母或其他平台的舰长指挥控制。

美国海军航母打击群的最高指挥官由打击群司令担任，称为合成作战指挥官，配备20余名参谋人员和几十名士官，构成海上作战指挥层。海上作战机构比较精干，约由70名官兵组成。在部署和作战时通常由合成作战指挥官任命5名作战指挥官，分别是防空作战指挥官（AWC）、水面作战指挥官（SUWC）、水下作战指挥官（USWC）、打击作战指挥官（STWC）和指挥控制作战指挥官（C2WC）。在合成作战指挥官下设有10多名负责管理传感器和作战资源的协调官，主要有航空部队、主体部队、后勤、搜索救援、掩护幕、直升机、空中轨迹、水面轨迹、超视距轨迹、通信协调及物资控制等协调官。

航母打击群

　　方面作战指挥官与协调官的区别是，指挥官有权指挥、调动部分作战舰艇，协调官只负责协调各种作战行动。

　　防空作战指挥官一般由巡洋舰舰长担任，作战时，可任命2名防空作战指挥官，轮流值班，战位在巡洋舰上，其他方面作战指挥官的战位都在航母上。打击指挥官由舰载机联队联队长兼任；水面作战指挥官通常由航母舰长担任，也可由合成作战指挥官亲自担任；水下作战指挥官通常由驱逐舰中队队长担任。根据作战规模、兵力状况等，合成作战指挥官还可在各方面作战指挥官下设局部防空作战、水下作战等指挥官。

　　航母上的中心大体分为以下几类：①情报类：如航母情报中心、水下战分析中心、信号情报采集（SSEE）处理中心等，主要担负情报收集、分析，为作战指挥决策和作战行动提供支持。②指挥决策类：战术旗舰中心、海上作战中心、航母战术支援中心、水下战支援中心、旗舰简报中心、航空兵任务规划中心等，主要为合成作战指挥官、打击群各方面作战指挥官提供指挥决策服务。③作战指挥控制类：作战指挥中心（CDC）、空中交通管制中心（CATCC）、反潜战中心等，主要负责实时的交战和作战行动控制。④维系航母本舰运行的各种中心、BFTT模拟训练中心、医务、后勤等其他辅助类中心。

美国海军航母编队采用何种指控系统

战役级指控系统方面，美国海军航母先后装备了"海军战术数据系统（NTDS，20世纪60年代装备）""全球海上指挥控制系统（GCCS-M）"的海上终端、"战术旗舰指挥中心（TFCC，20世纪80年代装备）""旗舰数据显示系统（FDDS，20世纪90年代末开始装备）"等。

"战术旗舰指挥中心"是美国海军在编队通信系统和"海军战术数据系统"的基础上，专为航母等大型舰船研制的第1个舰队级指控系统，并于1983—

GCCS-M系统示意图

1984年装备了6艘航母。"战术旗舰指挥中心"主要由战术数据处理系统、综合通信系统和数据显示系统等构成。系统借助于计算机网络技术和高速数据总线将编队内各舰装备的传感器按照战术要求有机地连接成一个整体，并实施统一控制，指挥协调编队中的有源干扰和无源干扰设备，实施电子战，引导和控制编队软硬杀伤武器对付威胁目标。

20世纪80年代，美国海军在战术旗舰指挥中心的基础上，开始研究更为先进的航母编队级指挥控制系统，即旗舰数据显示系统（FDDS），1989年开始装备航母、两栖攻击舰、巡洋舰等大型水面舰船。"旗舰数据显示系统"可辅助编队指挥官制定作战方案，指挥及监视大范围海上作战，支援两栖作战，还可支持编队的对海作战、对空作战、反潜作战以及对陆攻击等作战行动。增强型的"旗舰数据显示系统"软件结构采用"数据处理管理器（DMP）"和分布式处理方式，具有通信、信息处理和数据相关处理、辅助决策和人机对话等功能。

目前，美国海军指控系统项目办公室正在发展"海上战术指挥控制系统（MTC2）"项目，目的是对指挥控制（C2）流程进行现代化和自动化升级，以提高其在高强度冲突环境中的快速响应能力。"海上战术指挥控制系统"将采用新型作战管理辅助（BMA）和海上决策辅助（MDA）工具，采用通用的数据和应用程序接口（API），提高通用性和互操作能力，能够为决策者提供更多信息量更加丰富的通用作战态势图（COP）。系统能与多种工具交换数据，包括路线规划、传感器优化、交战规划，以及战斗系统配置等，未来可能成为"全球海上指挥控制系统""战术旗舰指挥中心"的换代产品。

美国海军正在实施的"海军作战体系架构"

"海军作战体系架构（NOA）"是美国海军正在实施的重点发展项目。其优先度仅次于"哥伦比亚"级弹道导弹核潜艇项目。该计划的发展目的是：构建连接作战平台、武器和传感器的强大的"海军作战体系架构"，该架构与"联合全域指挥和控制（JADC2）"相结合，以增强分布式海上作战的能力。该计划的核心内容是开发网络、基础设施、数据架构、工具和分析功能，汇集来自不同传感器的海量异构数据，构建一张通用作战图，作战指挥官可在任意时间，将传感器获取的火控级数据传送给恰当的"射手"，后者利用该数据对敌实施攻击。

"海军作战体系架构"是一个庞大的计划，对发展新一代指控系统具有指导意义，主要由4部分组成："超越计划"网络（"优胜项目"）、数据标准和格式（用于支持精确打击）、"作战管理助手"（BMA）及其他工具、云计算和边缘计算基础设施。美国海军计划在2030年前完成该体系架构开发，要求在10年内部署"海军作战体系架构"，并且不得延迟。2020年秋季，美国海军已在"卡尔·文森"号航母上验证了"作战管理助手"2020（BMA 2020）工具，其主要功能是提供通用作战态势图。2023年，美国海军在"西奥多·罗斯福"号航母打击群部署"超越计划"交付的新一代作战网络雏形，开展首次作战试验。

"卡尔·文森"号航母的指挥控制中心

美国海军研发的新一代舰载指控系统

美国海军新一代指挥控制系统目前还在研制中，在国防部的JADC2框架下，正在推进"超越计划"项目。美国海军对其的定义是：应对未来智能化战争的重要工具，"海军作战架构"的重要支撑；发展目标是：构建连接各类作战平台、武器系统和传感器的新型"海军作战体系架构"，支撑国防部的"联合全域指挥与控制系统"，增强"海上分布式作战"能力。

以美国目前公布的零星资料看，"超越计划"的研制目的大体有以下几点。一是创建一个网络，促进形成网络化舰队，支持"分布式海上作战""联合全域指挥控制"等。二是填满一张"图"，利用网络连接有人舰艇、飞机和无人艇、无人机、无人潜航器，绘制通用作战态势图，传送给恰当的发射平台，同时构建可抵御敌方网络攻击的网络。保证足够的带宽，以传送火控级的数据；保证多元异构数据的收集、融合、处理，并优先处理重要数据；确保传送速度，并确保网络的生命力。三是构建一个"超越软件库"，"超越软件库"实际上是一个军用数字环境，名为"应用兵工厂"，能自动向海军舰船分发软件。"应用兵工厂"数字环境中储存了经审批后的应用程序及其更新版本，随时可以快速部署到舰队（在CANES上运行）。四是建立一种"通信即服务"框架（CaaS，云服务的一种概念），创建一种"与网络无关的系统之系统"，让海军可通过任意系统将数据传输到端点，到端点后微处理工具（以应用程序的形式）可协助终端用户，使其能够基于自身在作战部队中的职能，迅速做出决定并开展行动。五是实现"平台即服务"（PaaS，一个数据分析框架和海上平台应用程序传送器），"应用兵工厂"的系统管理员可以远程搜索、发现、下载、安装和管理选定的平台应用程序。未来，在技术日益发挥作用的环境中，"应用兵工厂"将使美国海军能够紧跟节奏，在恰当的地点、恰当的时间派出恰当的海上力量，塑造更具杀伤力、互联性更好的舰队。

战术旗舰指挥中心和旗舰数据显示系统

"战术旗舰指挥中心（TFCC）"是美国海军指控系统的海上节点，可装备在担任旗舰的两栖指挥舰、航母和导弹巡洋舰等大型舰艇上，属于战役层级的指挥控制系统，能实时与岸基点联系，并向合成作战指挥官提供作战态势图，协助指挥官规划、指挥和监视作战活动，包括控制和协调武器系统与传感器。"战术旗舰指挥中心"主要有以下功能：一是情报收集与处理。负责汇集、分类、处理、融合来自各类传感器的情报信息，生成编队作战区域内电磁信号的分布态势，并在相应的显控台上显示，为编队指挥官提供战术辅助决策依据。

二是信息交换中心。上报经整编的编队防区内相关情报，同时向编队内的舰艇及舰载机联队通报有关攻防所需的情报。三是指挥决策和武器分配。根据敌情，使用程序控制指挥决策方式，可选择专用自动、自动、半自动和应急指挥决策方式中的最佳的威胁对抗方式，选择最有效的各种对抗手段和武器。四是电磁指挥协调中心。编队指挥中心根据威胁目标的属性、威胁程度，统一指挥、协调编队内舰载的各种硬软武器对威胁目标实施电子战，统一指挥协调编队的侦察、电子支援、协同干扰和自卫干扰，以及武器控制系统等的应用。

"旗舰数据显示系统（FDDS）"是在"战术旗舰指挥中心"的基础上改进的，美国海军相继推出了"过渡型FDDS"和"增强型FDDS"，又称为"TFCC2+"，此后进行了多次改进。FDDS的核心是联合作战战术系统Ⅱ（AN/USQ-112A JOTS Ⅱ），是一个通用软件包，可供海军所有的指挥、控制和显示系统使用。JOTS Ⅱ的主要功能是：收集电子战、通信数据链、精确导航定位系统和人工输入的信息和数据，并对其进行数据融合，生成并建立一个相关航迹数据库；对数据库中环境目标的位置进行编辑，如需调用则通过"战术指挥官信息交换系统"和其他卫星通信数据链路进行传递；采用公共数据库，可以指挥、协调该舰艇编队内或其他编队舰艇的"战斧"对陆攻击巡航导弹及其他武器对目标实施攻击。此外，JOTS Ⅱ还用于防空作战、对海作战、反潜战和电子战。

航母情报中心和反潜战情报中心有哪些用途

航母情报中心（CV-IC）的主要工作是，汇集编队内各平台、编队外各类信息，为指挥官或更高层级指挥官提供最新的战术信息。

航母在作战时有许多情报军官临时上舰，他们的主要任务是获取与判读图像信息，并利用数据库储存的资料进行辨别、确认、收集预定打击目标的各种信息，协助制订作战计划，汇总海军气象与海况中心（METOC）天气相关数据等情报，拟定任务简报，通过闭路电视（CCTV）传递给各个飞行准备室和编队指挥中心。

航母编队的反潜作战主要由伴随的核潜艇执行

  航母情报中心的另一项工作是汇集其他平台获取的电子信号情报进行分析，用于支持作战。现在航母情报中心装备了"分布式通用地面站系统的海军分系统（DCGS-N）"。DCGS-N是美国国防部为联合作战研制的情报收集分发系统的海军版。

  航母反潜战情报中心装备"反潜作战模块（ASWM）""水下武器决策支持系统（USW-DSS）"等系统，ASWM的功能与岸基反潜作战中心（ASWOC）的功能相近。ASWOC以海洋监视信息系统（如SOSUS固定式水声监视系统）、海洋监视船、P-3/P-8A反潜巡逻机等发来的情报信息为基础，规划反潜巡逻机的任务。ASWM以一台中央战术计算机为中心，并配置显控台和人工标图设备。显控台显示的情报、态势可投影到大屏幕上，用于向空勤人员下达命令或听取他们的情况汇报。

航母上的"反潜作战模块（ASWM）"也称为AN/SQQ-34航母战术支援中心（CV-TSC），用于支援舰载反潜直升机的作战行动。该系统可控制航母上的反潜直升机（内防区），并向反潜作战指挥官提供所需的信息。ASWOC和ASWM可以引导反潜机到达可能有潜艇活动的区域。在指定海区内，ASWOC和ASWM的搜索范围足以保证编队的安全，并适应其战术要求。

2015年，美国海军开发了AN/UYQ-100"水下作战辅助决策系统（USW-DSS）"，使编队可以共享潜艇跟踪图像，以改进反潜战术决策支持，优化反潜搜索计划和共享战术态势。

"航母战术支援中心"与"水下作战辅助决策系统"分工协作，互为支撑。前者侧重情报处理，主要用于接收和分析声呐浮标等传感器的数据；后者侧重作战指挥，主要用于任务规划和访问海军战术数据链，以便管理反潜作战的通用图像。

美国航母上的战略战役情报系统是如何工作的

美国航母上的情报信息处理包括：情报信息搜集、处理预加工、分析再加工、分发与整合等。情报信息搜集是最广泛、最全面地获取作战空间环境和敌方信息，并将获取的信息提供给情报处理与加工部门的一个闭合过程。在处理和加工过程中，侦测搜集到的原始信息数据被相互联系起来，并被转换为可供信息分析部门进行综合情报生成的信息，主要包括信号关联、图像加工、图形绘制、密码破译、数据形态与格式的转换，以及向分析与生成单位和决策指挥员报告这些过程的结果。由于处理与加工过程不同于分析与生成过程，即最初处理与加工后的信息还没有进行充分的分析和判断，所以不能作为情报信息成品分发给用户，更无法作为决策依据与其他作战资源进行整合，但是处理与加工过程的某些事件敏感信息，特别是一些目标定位、威胁预警信息，则应立即通过情报信息传输渠道分发给航母打击群的各个平台，从而为各级指挥官的决策提供可靠的依据。

目前，美国海军航母打击群装备了"分布式通用地面站系统的海军分系统（DCGS-N）"。DCGS是美国国防部构建的分布式通用地面系统，各军种使用其分系统。DCGS-N系统集成了以前的多个情报系统，构建了通用的情报、监视和侦察（ISR）系统，对多源异构的ISR数据、火控数据等进行处理、存储、相关、利用和分发。DCGS-N升级后，可为ISR数据的共享和分发建立公共框架和体系结构，系统运行在海军"部队网（ForceNet）"体系结构之下，支持各种类型的任务，如信号与通信情报、战场情报准备、特种作战以及精确制导、打击等。

DCGS-N包括以下子系统：打击群横向扩展系统（BGPHES）、战斗方向发现系统（CDFS）、全球指挥控制系统—海上/综合情报系统（GCCS-M/13）、海军联合服务图像处理系统（JSIPS-N）、舰船信号开发装备（SSEE）、UAV战术控制系统（UAVTCS）、JSIPS集中器体系结构（JCA）和海军战术开发系统（TES-N）等。

DCGS-N的特点是将原来的通用作战态势图（COP）升级为综合通用作战态势图（IR-COP），该图能够将目标航迹数据等所有信息自动融合并展示在作战态势图中，显示的情报较以前更为丰富，其主要功能是：计划/项目的建立，情报监视侦察数据的融合，军事情报的收集与管理，作战能力/准备态势评估。

航母上的作战指挥中心和空中交通管制中心

航母上的作战指挥中心（CDC）与其他舰艇上的作战情报中心（CIC）的作用大致一样，只是设备更多、规模更大。CDC内设探测与跟踪中心

（D&T）、空中拦截控制中心（AIC）、水面跟踪中心（SURF）、打击作战中心（SWC）、电子作战模块（中心）等，最高指挥官是战术行动指挥官。作战指挥中心主要负责战场态势感知，负责向舰桥、舰长报告战情，承担本舰防御任务，同时向战术旗舰指挥中心提供情报。

空中交通管制中心（CATCC）设在03甲板，与作战指挥中心相邻，该中心分布在几个舱室，拥有40名航管人员，职掌进场和着舰系统（PALS）。着舰引导雷达、光电引导设备、航管雷达、无线电导航系统、助降灯等设备。在美国海军航母上，舰载机从起飞、空中集结、执行任务、返航、着舰一系列动作，是分段管理的。舰载机在甲板起降主要由航空联队长在主飞行管制台（PriFly）控制，在30～50海里范围内由空中交通管制中心负责引导，50海里以上由E-2C/D预警机负责指挥，着舰时有着舰信号官负责。空中交通管制中心现在使用的是PALS系统，主要包括AN/SPN-46（V）3全自动航母着舰系统、AN/SPN-35B/C精确跟踪雷达（一般用于两栖攻击舰）、AN/SPN-41仪表着舰系统、URN-25舰载"塔康"系统、AN/SPN-43C导航雷达、AN/TPX-42A

CATCC空中交通管制中心

新一代空中管制雷达AN/SPN-50

（V）14空中管制雷达，以及显控台等，并与着舰信号官工作台、菲涅尔透镜、航空数据管理控制系统、主飞行管制台、JPMS等联通。

"福特"级航母装备新一代飞机着舰系统"联合精确进场和着舰系统（JPALS）"，"尼米兹"级航母也将用它取代原来的PALS系统。该飞机着舰系统将海军、空军、陆军、海军陆战队分别使用的飞机助降系统整合成为一个通用系统，以全球定位系统（GPS）卫星为基础，由中地轨道GPS、机载系统、舰载系统（地面站）3部分组成，支持数据链通信，具备通信、导航、监控、空中交通管理功能。

2021年以后，美国航母用AN/SPN-50空中管制雷达替换了原来的AN/SPN-43C导航雷达。该雷达是在瑞典"海上长颈鹿"雷达基础上改进的有源相控阵雷达，可在更大范围内提供飞行器的位置、雷达信号和数据，采用新的信号处理技术，可在复杂、有干扰的环境中，提供更好的探测和跟踪能力。

"协同作战能力"系统是如何实现协同作战的

"协同作战能力"系统（CEC）是美国海军20世纪90年代末开始装备的辅助对空作战系统。"宙斯盾"系统的雷达虽然对高空目标的探测距离可达400千米，但受地球曲率的影响，对低空掠海飞行的反舰导弹的探测距离却很近。在近海作战时敌方的巡航导弹可能借助岛礁等隐蔽迂回飞行，舰载雷达无法早期发现，留给武器系统的反应时间非常短。为解决这个问题，美国海军开始研制CEC系统。借助该系统，编队中的E-2C预警机和水面舰艇之间可共享目标信息，形成同一的目标航迹，探测范围进一步扩大。在本舰没有探测到来袭导弹的情况下，也可根据CEC系统传来的目标数据，发射导弹进行拦截，而且导弹也可以由其他舰艇的雷达进行照射导引，大幅增加了反应时间和防御范围，首次实现了多艘舰的雷达视距内协同防空作战。

CEC系统的主要设备是协同交战处理器（CEP）和数据分配系统（DDS）。CEP用于保持编队中各种平台之间的网格锁定，同时，保持对大批量目标持续跟踪。DDS能自动建立一个网络并把关键的传感器数据近乎实时地分配给编队中所有装备CEC的平台，从而使所有平台都能共享交战所需的火控级质量的信息。CEP是装在平台上的终端设备，分为舰载型AN/USG-2与机载型

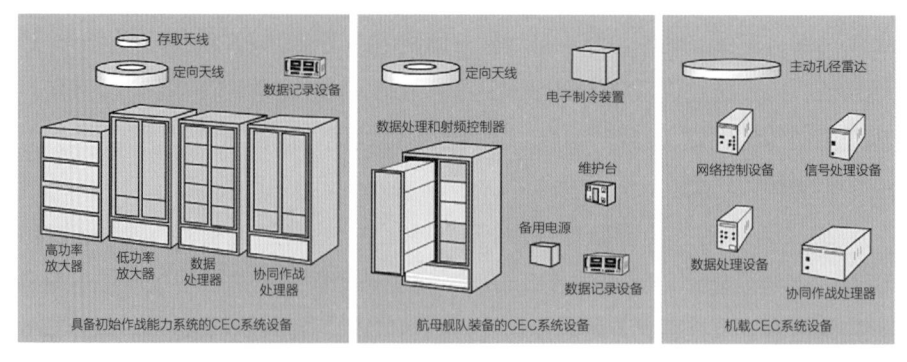

美国海军协同作战能力系统设备示意图

USG-3（又称协同作战空中通用装备套件CES）。E-2D预警机装备USG-3B，系统重量仅为230千克。海军陆战队的复合跟踪网络用的是USG-4型CEC系统。

　　交战时，空中和水面传感器探测到的目标数据（此时还不是目标的航迹）首先传给CEP，CEP对数据进行处理整合，并将这些数据发送给DDS。DDS译成密码并把数据传输给CEC网络中的其他作战平台（被视为协同单位，CU）。在几分之一秒内，DDS接收所有协同单元的数据，并传送给CEP。机载CEC系

航母CEC系统的关键节点——E-2C预警机

统将雷达探测数据与接收自舰载系统的目标初始数据融合，再次传回编队中的水面舰艇。CEP将传感器获取的目标数据综合成统一的空中目标图像，其中包括所有空中目标的连续综合航迹，供编队中各作战平台的传感器系统和交战系统使用。DDS采用抗干扰能力强和抗敌方侦测的窄定向信号。这种信号可以同时在各个协同单位之间进行单位对单位的通信。水面战斗舰艇的作战系统可以共享这些数据，作为火控质量的数据，根据这些数据与目标交战，无须用自己的雷达实际跟踪目标。

护航驱逐舰根据DDS系统提供的目标数据进行拦截作战

"海军一体化火控-防空"系统和"海军一体化火控-反潜"系统

"海军一体化火控-防空（NIFC-CA）"系统于2015年左右形成作战能力。如果说"宙斯盾"系统实现了全舰武器系统的统一管理，那么该系统实现了整个编队作战平台的高效整合。它可将E-2D预警机、F-35C战斗机、巡洋舰和驱逐舰的"宙斯盾"系统、CEC系统等连成一个作战单元，系统中还新增了"标准"6舰空导弹，射程可达370千米。预警机和战斗机可前出编队更早地发现、跟踪目标。E-2D预警机通过CEC系统、16号数据链为"宙斯盾"舰提供地平线外的目标信息，系统将空中飞机、水面舰艇等各种平台的雷达数据高效、快速融合，形成统一的实时、高质量目标航迹，并共享到作战网络中的每一个作战单元，为"宙斯盾"舰发射的舰空导弹和F/A-18E/F发射的AIM-120D空空导弹提供目标指示。未来，E-2D预警机还将配备战术瞄准网络技术（TTNT）数据链，其带宽更大，数据率更高，抗干扰性更强，可容纳更多的作战单元，获取更多的传感器数据。系统可在更远距离上先打掉敌方的导弹发射平台，或是提早做好拦截反舰巡航导弹的准备。CEC系统首次实现了雷达视距内的防空作战，而NIFC-CA系统首次实现了超视距防空作战、远程交战。

美国海军的"海军一体化火控-防空（NIFC-CA）"系统装备航母打击群后，防空作战能力大幅提升，该系统堪称海上防空的战后第三次革命，实现了超视距防空。鉴于此，美国海军计划将其理念引入水下作战，构建"海军一体化火控-反潜（NIFC-CU）"系统，以提升打击群的反潜作战能力。

美国海军NIFC-CA系统节点之"阿利伯克"级"宙斯盾"

美国海军NIFC-CA系统节点之F-35C舰载战斗机

"水下战区一体化指挥控制网络化架构（NAUTICA）"，其构想是汇集各层级的反潜战情报、传感器，形成覆盖敌方水下部队的通用作战态势图，最大限度地扩大美国海军的反潜优势，优化战区级的作战规划，加强战区反潜的指挥控制能力。该系统连接空中、水面、水下装备遂行一体化反潜的远程防空作战，一旦成功，将改写反潜作战的作战模式。该系统不仅支持反潜作战，还被要求与GCCS-M、USW-DSS、DCGS-N、MTC2等系统进行数据交换。

美国海军水下作战辅助决策系统有哪些作用

为了提升水下作战能力，升级反潜决策支援系统，美国海军海上系统司令部研制了AN/UYQ-100"水下作战辅助决策系统（USW-DSS）"，装备航母、巡洋舰、驱逐舰，2010年服役。2013年，该系统的USW-DSS2.3版（B2R3）

形成初始作战能力。该系统采取渐进的发展模式,目前已经完成第3阶段的研制。截至2022年,AN/UYQ-100已装备约100艘舰艇和多个岸基指挥中心。

AN/UYQ-100"水下作战辅助决策系统"是在网络中心战背景下研制的辅助决策工具,可辅助反潜作战指挥官进行任务规划、协调、建立和维护通用战术图像、进行战术控制,系统采用开放式架构,智能化程度较高,可为指挥官执行战术控制,建立、维护通用战术图像(CTP)和通用作战态势图(COP)。反潜作战指挥官可以借助该系统协调各种反潜装备和信息系统,以最优化的部署进行搜索、攻击敌潜艇。该系统采用开放式架构决策工具软件,编队内各反潜平台间可近实时共享关键战术数据和水下战通用战术图。

USW-DSS标准硬件设备有12单元设备机柜,装有4个虚拟化/计算节点,每个节点采用32核处理器、512GB内存、4TB固态硬盘。

通过USW-DSS,可在航母、水面舰艇、岸基反潜作战中心之间,构建和共享完整的通用战术图,并对反潜作战进行控制。该系统运行在CANES之上,与"全球海上指挥控制系统"、11号和16号战术数据链等有数据接口,还可与水面战斗舰艇装备的AN/SQQ-89(V)15综合反潜战系统、航母上的战术支援中心(CV-TSC)进行数据交换,生成并共享融合后的跟踪图像,为反潜作战舰艇和航母提供武器控制决策支撑。

AN/UYQ-100水下作战辅助决策系统终端

在第2阶段的发展中,水下作战辅助决策系统新增了以下子系统:"网络中心的数据融合(NCDF)",以提供自动生成的跨平台航迹关联议案和通用战术图像;"多传感器数据融合系统(MSDFS)",是AN/SQQ-89综合反潜作战系统改进型声呐数

AN/SQQ-89综合反潜作战系统终端

据融合的一部分;"作战路线规划器(ORP)",是一个反潜作战搜索路线规划工具,可为有源和无源声学传感器设计搜索路线;"任务优化网络服务",允许用户根据需要,确定搜索区域、动用的兵力等。

水下作战辅助决策系统通过将原有"反潜作战指挥系统"["战场反潜指挥系统(TASWC)""海上战斗指挥系统(SCC)"和"反潜作战指挥系统(ASWC)"等]利用网络技术进行有机整合,实现信息交换与作战协调,以便系统操作员、指挥官,以及参与反潜作战的官兵及时了解反潜态势和全战区的态势。

美国海军AN/SQQ-89综合反潜作战系统和MK-116反潜火控系统

AN/SQQ-89是专用于反潜作战的综合作战系统,装备水面战斗舰艇。该系统利用计算机和局域网将机载和舰载的各型声呐、信号处理机和反潜武器系统连成一个综合系统,可以自动进行水下目标探测、识别、跟踪、定位以及目标攻击,并且兼容MK-116反潜火控系统,使搜潜和攻潜融为一体,提高了反潜作战效能。

该系统由AN/SQS-53舰壳声呐、AN/SQR-19战术拖曳阵声呐、AN/SQQ-28 LAMPS Ⅲ 直升机信号处理系统、MK-116反潜火控系统和UYQ-25水声传播预报数据处理系统5个主要分系统以及声呐训练模拟器等组成。AN/SQS-53舰壳声呐用于对潜探测、定位,为鱼雷和反潜导弹提供火控数据。LAMPS系统主要用于处理舰载直

"伯克"级驱逐舰装备的AN/SQR-19拖曳声呐

"提康德罗加"级巡洋舰装备的AN/SQS-53反潜声呐（位于声呐导流罩内）

升机吊放声呐或声呐浮标获取的水下数据，并与舰载作战系统交换数据。AN/SQR-19战术拖曳阵声呐能探测到25～100海里以内的水下潜艇目标方位数据，供作战系统做水下目标警戒使用。AN/UYQ-25水声传播预报处理系统可以在作战海域实地测量海水中的声速和预报水中传播声线图，以供作战系统调整声呐作用距离和校正声呐定位数据，并控制发射诱饵，干扰来袭的鱼雷。

  MK-116反潜火控系统是AN/SQQ-89综合反潜战系统的一个组成部分，装备水面战斗舰艇，专用于控制鱼雷、"阿斯洛克"反潜导弹的发射。最初，该系统不具备目标威胁判断功能和武器分配功能，后来加入了负责目标威胁判断的AN/USQ-132，弥补了缺憾。AN/USQ-132是MK-116与AN/SQQ-89系统的接口，还可与联合作战战术数据系统相连。MK-116的主要功能是完成反潜射击计算、控制鱼雷和反潜导弹的发射。MK-116火控系统由两个较大的子系统组成：一是计算机处理子系统，其构成主要是计算机、反潜指挥官显控台、数据转换机柜；二是武器控制和调整子系统（WCSS），系统对AN/SQS-53声呐等获取的目标数据进行处理后，传送给导弹垂直发射装置（以前是MK-26导弹发射架），用于发射"阿斯洛克"反潜导弹，或是三联装MK-32鱼雷发射装置，用于发射MK46鱼雷。

美国海军的艇载反潜火控系统是如何发展的

20世纪70年代，美国研制成MK-117潜艇指挥与火控系统，首装"鲟鱼"级攻击型核潜艇。MK-117是一种全数字化的系统，同时也是美国核潜艇"战术作战系统"研制计划的关键组成部分，综合了作战、情报、指挥和火控的功能，系统包括1台全数字化攻击中心（ADAC）和3台显示器。MK-117火控系统用3个MK-81-1/2武器控制显控台（WCC）和1个MK-92-0/2多用途显控台替代了原来的分析仪和攻击控制台，由此目标动态追踪（TMA）实现了完全自动化，并且利用AN/BQQ-5综合声呐系统被动模式的多波束控制能力，能同时以被动监听方式追踪40个目标，可以控制MK48线导鱼雷和UGM-84"鱼叉"反舰导弹。

装备了MK-117系统的"鲟鱼"级核潜艇

后来，美国海军在MK-117的基础之上发展了CCS MK-1/2作战控制系统，保留了一些MK-117火控系统的硬件，包括：双机柜AN/UYK-7计算机和3个MK-81武器控制显控台及其功能组件。UYK-7用于处理来自AN/BQQ-5综合声呐系统的数据和导航数据，并向武器提供解算结果和TMA。系统还增加了第4台MK-81武器控制显控台，用来处理超视距目标数据，并与雷达室联通。系统还保留了其他的武器控制显控台的功能。

后期服役的"洛杉矶"级核潜艇开始装备在MK-117基础上研制的AN/BYG-1潜艇作战系统，保留了部分CCS MK-1的火控软件。此外，将所有的探测与火控系统整合在同一个控制接口之下，各声呐系统的数据交换或向火控系统输入目标数据等都不再需要手工录入，速度与作战效率大幅增加。AN/BSY-1是美国海军第一套大型军用分布式架构系统，数据分别在不同的几部计算机中处理，计算速度与防瘫痪能力较传统的中央计算机式系统有很大提高。"海狼"级攻击型核潜艇装备AN/BSY-2系统，声呐系统升级为AN/BQQ-10；"弗吉尼亚"级攻击型核潜艇装备AN/BSY-3系统，系统再次升级。

美国海军航母上的信息基础设施有哪些

信息基础设施是指挥与控制系统所依托的基础，局域网、互联网（物联网）、人工智能、云、5G通信等是其基础技术。美国海军的信息基础设施分为岸基和舰载两大类。美国海军具有代表性的信息基础设施有航母、水面战斗舰艇上部署的"综合海上网络与企业服务"和岸上部署的"下一代企业服务网"等，它们将海军网络与国防部联合信息环境有效链接，并将各种情报获取系统、指挥机构、武器系统等有机地整合为一个大系统，以更加有效地发挥作战效能。本节仅简单介绍美国海军几个新研发的网络。

- **下一代企业网络**

    "下一代企业网络（NGEN）"是美国海军为岸基指挥机构研制的新一代网络，用于取代"海军/海军陆战队内联网（NMCI）"，是美国海军构建新网络环境的重要组成部分。NGEN采用通用的硬件实现美国海军和海军陆战队各级实时通信、网络运作、数据安全、技术支持的标准化。NGEN支持用户接入美国本土的海军岸上非密和保密网络的受保护话音、视频和数据业务。

- **美国境外海军企业网**

    "美国境外海军企业网（ONE-NET）"是部署在美国本土以外的岸基信息基础设施，主要提供人力资源、管理和信息服务，用户约2.8万个，服务内容包括电子邮件、打印、存储和互联网服务，可帮助用户处理各类事务，提高管理效率。ONE-NET部署在日本横须贺、意大利那不勒斯和巴林的三个战区。现在，该网络与NMCI一同并入了NGEN网络。

- **综合海上网络与企业服务**

    "综合海上网络与企业服务（CANES）"是美国海军现代化计划的核心项目之一，其目的是利用先进的信息技术，确保美国海军舰艇的技术优势，提高标准化水平，合并"烟囱"式的信息网络，减少网络数量，提高网络防护能力，减少训练与维护的成本和复杂性。该系统基于虚拟化、云计算等技术，可大幅提高网络防御能力，提升舰船的信息安全能力，包括防火墙和入侵检测系统，可提供深层防御方法抵抗网络攻击。

- **自动化数字网络系统（ADNS）**

　　"自动化数字网络系统（ADNS）"是美国海军的舰船战术广域网关，将舰船上的多种无线通信系统网络综合形成了一个更加有效的通信网络，实现了编队内舰艇间、舰艇编队之间以及舰艇与岸基核心网之间的连通，可为美国海军、联军、盟军提供国防信息系统网（DISN）非密、秘密、绝密信息访问能力。

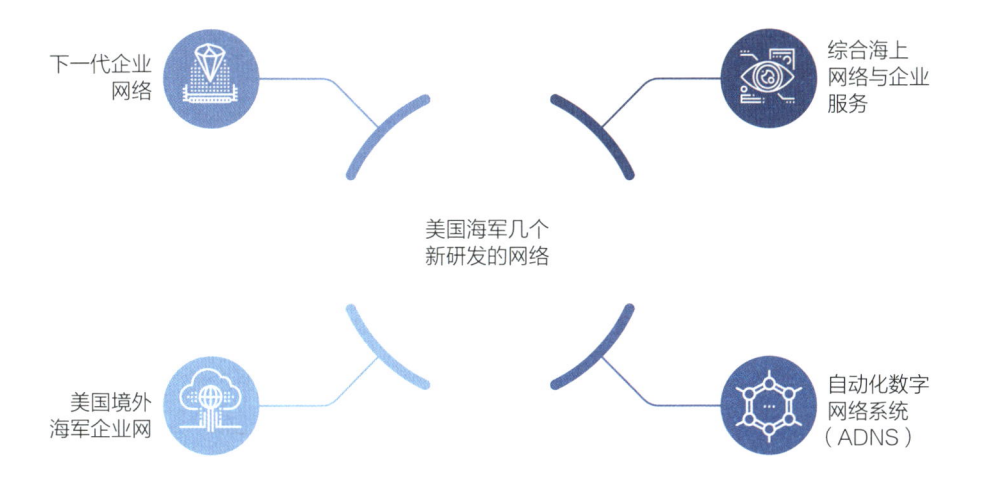

下一代企业网络

综合海上网络与企业服务

美国海军几个新研发的网络

美国境外海军企业网

自动化数字网络系统（ADNS）

法国航母的指挥控制系统有哪些

　　法国海军"戴高乐"号航母的舰载指控系统主要有指挥与支援系统（ACOM）、海军辅助指挥系统（AIDCOM）、"西尼特"（SENIT）海军战术情报处理系统等。ACOM指挥支援系统是法国海军的战略C4I系统，类似美国海军的GCCS-M系统和北约的海上指挥与控制信息系统（MCCIS）。"海军辅助指挥系统"相当于美国海军的"战术旗舰指挥中心"，集指挥、控制、通信与情报于一身，采用完全交互式网络，其主要功能是辅助编队指挥官进行态势评估、决策和对编队中其他舰艇以及飞机进行管理。

海军指挥与支援系统（ACOM）是为法国海军研制的一型战略级指控系统，采用模块化设计，根据装备部门的不同，系统版本略有差异，SYCOM为海军司令部、岸基指挥部、海军作战中心所用，OPSMER为水面舰艇编队、潜艇所用，TIRELO为小型舰艇使用的版本。

ACOM系统可融合多元异构数据，向用户提供"广域态势图"，补充利用舰载传感器和数据链等生成的态势图的缺项，从而便于海上指挥官对指令的理解以及对全战区海上态势的评估。ACOM包括计划和辅助决策等功能，可支撑计划和指令的预加工，并为指挥官决策提出建议。

海军辅助指挥系统（AIDCOM）是集指挥、控制、通信、计算机和情报（C4I）系统于一体的指控系统。该系统的数据服务器可将信息输入数据库，方便快捷地提取各种作战数据（军舰、飞机及武器特性、后勤、环境、地理数据等），可显示海空侦察图像、信息，进行文电处理，程序格式化，对A-DAT-P3 OTAN信息、GOLD信息和其他类型的信息进行传输。该系统的通信接口有1个文电网，数个×25/×400数据传输网通过AIDCOM/SYGEDO由卫星传输。

"西尼特"海军战术情报系统主要装备大中型作战舰船，自20世纪60年代中期以来，已向海军交付80余套。该系统可以为海上作战舰船提供整体战术态势的实时评估及武器实时使用情况的监控，全部信息均通过舰上的各种传感器来实现战术数据的自动交换。

"西尼特"有1~9多个型号，其中"西尼特"8.05装备"戴高乐"号航母，有8台工作站和25部显控台，可以处理2000批目标。"西尼特"系统可实现战场态势的建立和显示，实施目标探测和识别以及电子战，使用11、16、22号等数据链自动交换数据。该系统还可以对威胁进行评估，对武器装备进行分配和使用。

航母舰载机的起飞和着舰作业是如何完成的

飞机的起降由主飞行控制室（俗称"塔台"）和航母空中交通控制中心进行控制。飞机的弹射起飞由飞机弹射官指挥，在他的领导下还有弹射器军官、弹射器操作员、飞机起飞指示人员等。舰载机在完成挂弹、地勤等准备工作后，会在既定的弹射时间被运送到飞行甲板的指定位置待命。舰载机进入弹射器就绪后，弹射操作员会按照航空指挥官的指令将飞机弹射出去。航空指挥官通过各种状况显示板和控制装置、终端等掌握飞行甲板上的情况，控制全部舰载机的起飞和着舰。飞机的阻拦降落由飞机阻拦官指挥，在他的领导下还有阻拦装置军官、飞机降落指挥官、阻拦装置操作员、解钩员等。舰载机返航时，舰载机的降落和飞行员的动作仍由航空指挥官指挥。正常情况下，飞行员可借助飞行甲板灯光系统和光学助降系统清晰地判断出飞机即将降落的区域以及自己是否在正确的下滑线上，并在着舰信号指挥官的帮助下操纵飞机在正确的着舰点安全着舰。在能见度不良的情况下，航母控制进场系统将通过专用雷达和通信系统向飞行员指示降落方位，并引导飞机安全着舰。舰载机的每次着舰情况都有记录，以便着舰信号指挥官根据图像对飞行员的着舰情况进行分析和评说，也有利于指挥部门正确评价可能发生的意外事故。

航母舰载机弹射器经历了哪些发展阶段

飞机弹射器是在较短的滑跑距离内将飞机加速到起飞速度，并使飞机安全飞离航母飞行甲板的装置。第二次世界大战前，由于当时的飞机轻、采用活塞螺旋桨发动机，可在较短距离起飞，因此弹射器在航母上的使用未被重视。随着飞机重量的增加和采用喷气式发动机，对滑跑距离要求高，不能短距起飞，

拆开盖板进行检修的蒸汽弹射器

因此弹射器显得愈来愈重要：中小型航母起飞较重的飞机，从而使航母作战能力更强；不需要像自由滑跑起飞占用那样长的跑道，可以节省起飞消耗的燃油、增加飞机的续航能力，为高性能飞机上舰创造条件等。

弹射器的发展至今近百年历史，为适应海军发展的需要，美国、英国先后研制了压缩空气式弹射器、火药式弹射器、伸缩作动筒式弹射器、飞轮弹射器、液压弹射器、火箭弹射器、电动弹射器、蒸汽弹射器及内燃弹射器等多种弹射器。虽然所开发的弹射器众多，但真正在航母上得到广泛应用的主要有第二次世界大战中的液压弹射器和第二次世界大战后的蒸汽弹射器。其他弹射器则多因其弹射能量小、效率低、重量尺寸过大，或因技术不成熟未能获得广泛应用。目前，为了适应新一代航空母舰的发展，美国、英国又在加紧研制电磁弹射器。

航母舰载机的蒸汽弹射器与电磁弹射器的优缺点

在所有航母弹射器中，蒸汽弹射器由于其性能的稳定性和运行的可靠性，成为很长一段时间内美国核动力航母唯一使用的弹射器。蒸汽弹射器基于往复式蒸汽机原理，主要能源是动力系统产生的蒸汽。蒸汽弹射器由蒸汽系统、弹射机系统、润滑系统、拖索张紧系统、液压系统、复位发动机与驱动系统、弹射器控制系统7个系统组成。蒸汽从动力系统流入蒸汽弹射器的湿式储气筒中并按要求的压强储存。发射时，高压蒸汽通过弹射阀进入弹射机气缸，涌入的高压蒸汽作用在气缸内的一组蒸汽活塞上。蒸汽活塞与往复车相连，往复车与待弹射的飞机相连。高压蒸汽在极短时间内推动活塞向前运动，带动往复车和飞机加速向前运动，直到飞机弹射起飞过程完成。往复车和蒸汽活塞停止运动后，在复位发动机与驱动系统的作用下复位，准备进入下一次弹射。尽管蒸汽弹射器能够满足过去和目前作战的需要，但还是存在很多缺点，主要包括：体

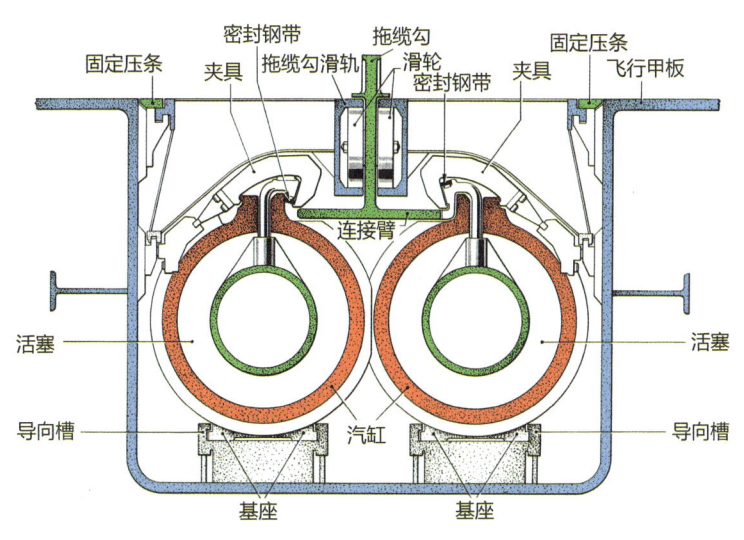

蒸汽弹射器横截面图，可以看到管路的密封结构非常复杂

积大、重量重，影响了其他武器装备的配置及航母的稳定性；结构复杂，其操作和维护难度大，需要大量人力物力；损害舰载机，在弹射起飞过程中舰载机会在极短时间内承受极大推力；可靠性差，蒸汽弹射机工作时，活塞沿气缸运动机械磨损严重，需要不断检修；消耗大量淡水，能量利用率低，典型蒸汽弹射器弹射一架飞机约有614千克蒸汽被消耗排出，其利用效率仅在4%～6%。

电磁弹射器是美国海军"福特"号航母上安装使用的新一代舰载机弹射系统。电磁弹射器主要由储能系统、弹射直线电机、电力电子变换系统和控制系统4部分构成，与蒸汽弹射器相比，电磁弹射器的构成要简单得多。具体体现在：在动力方面，仅给电磁弹射器提供足够的电力即可，不像蒸汽弹射器那样需要蒸汽源；电磁弹射器反应速度更快，不到15分钟即可达到待用状态，而蒸汽弹射器通常需要几小时；在能量利用率方面，电磁弹射器的效率可达到60%甚至更高；电磁弹射器具有实时自动监视系统，提供故障和维护信息，大大减少维修工作量和对人员的需求，可降低航母的全寿期费用；对航母来说，电磁弹射器最重要的优点之一是弹射系统各组成部分的布局更加灵活，能最大限度地优化航母内部布置。

电磁弹射器可以方便地调节弹射功率，适应不同重量和起飞速度的舰载机

"福特"号核动力航母为何采用电磁弹射器

蒸汽弹射器提供约32吨的能量弹射飞机，这就限制了所弹射飞机的最大重量。除了弹射飞机的重量受到限制外，弹射器作用力的峰均比值只能以较低能级增加，因此弹射较轻的飞机有困难。比如蒸汽弹射器不能弹射目前的无人机，因为作用于飞机上的力在整个弹射周期中都是变化的，飞机构架受到很大的应力，这些应力会降低有人驾驶飞机的疲劳寿命，也对无人机的结构强度提出了更高要求。蒸汽弹射器还有一个内在缺陷，没有反馈环节，导致牵引力经常出现瞬时峰值，加上蒸汽系统还会出现不可预见的压力扰动，有可能损坏飞机机体，降低机体寿命。要将瞬时推力波动降低到合理的程度，增加的闭环控制系统将复杂到无法接受的程度。由于效率低，要进一步提高载荷，将使蒸汽弹射器更为庞大、笨重、复杂。为此，"福特"号核动力航母决定采用电磁弹射器。

"福特"号安装了四台电磁弹射器

"企业"号核动力航母的弹射器有何特点

"企业"号开始服役时采用的是4部C13型弹射器，经改装后安装有4部高性能、大能量的C13-1型蒸汽弹射器，其中2部布置在首部起飞区，另两部布置在斜角甲板着舰区的前方。弹射器可将美国海军当时最重的舰载机以170节的速度弹射起飞。4部弹射器同时使用时，理论上可在1分钟内将8架飞机送上天空。"企业"号4部蒸汽弹射器，从右舷到左舷依次是1号到4号。1号和2号弹射器在舰首部位置，其他飞机降落的同时，1号和2号弹射器还可以同时进行飞机的弹射。"企业"号初期服役的时候有3个弹射器拖索回收角，其中的两个在首部，第3个在3号和4号弹射器前，不过第3个不久之后就拆掉了。由于旧的拖索式弹射系统后续不再应用，而是被前轮弹射方式所取代，这些回收角逐渐退出历史舞台。

"尼米兹"级核动力航母采用的蒸汽弹射器

为保障舰载机在航母上的驻留、转运及飞行作业，航母必须提供满足舰载机驻留的环境条件，并配备必要的航空保障设施，以对舰载机飞行作业的各个环节提供必要的技术支持和保障。航母上配备的保障舰载机作业的各项航空设施构成了航空保障系统。"尼米兹"级航母的航空保障系统主要有蒸汽弹射器、喷气偏流板、阻拦装置、升降机、助降系统等。"尼米兹"级航母设有4部蒸汽弹射器，其中2部设在舰首、飞行甲板起飞区前端（这两部弹射器不对称于舰的纵中线），另外2部弹射器设在斜角甲板前端。C13型蒸汽弹射器能量大、加速性能好，能在几十米的距离内用2.5秒的时间使飞机速度骤然提至时速273千米。弹射间隔时间是20秒，4部弹射器可同时使用，加上每次弹射后就位所需要的时间，4部弹射器1分钟就可弹射8架飞机。

航母的阻拦装置

阻拦装置是核动力航母舰机适配技术的关键设备之一，其作用是将着舰飞机的动能吸收，以缩短飞机着舰滑行距离，保证飞机在航母有限长度的飞行甲板上安全降落。现代喷气式舰载机的着陆时速200千米～300千米，如果不经过阻拦，飞机着舰后，起码要滑行上千米才能停下来，而一艘核动力航母用于降落的飞行甲板长度只有200米左右。

阻拦装置包括阻拦索和阻拦网两种。阻拦索是在正常情况下缩短舰载机着舰滑跑距离的装置；阻拦网是在舰载机不能正常着舰时使用的应急阻拦设备。迄今为止，阻拦装置先后出现了重力型、摩擦刹车型、液压型和涡轮电力型，其中，液压型阻拦装置使用时间最长。随着航母的电气化及舰载机的发展，液压型阻拦装置未来升级潜力不大，为此美国海军决定为下一代航母"福特"级研制适应电气化发展的新型阻拦装置，采用涡轮电力系统，与液压阻拦装置相比能够回收更重、速度更快的飞机，并能够回收轻质的无人机，同时还具有运行更可靠、对人员需求少、维护工作量少、保障费用低、安全性更高等优点。

"企业"号与"尼米兹"级核动力航母的阻拦装置

"企业"号的阻拦装置由阻拦索和应急阻拦网组成，该航母采用MK7型液压阻拦装置。MK7型阻拦装置自20世纪50年代以来，一直是美国航母上的标准阻拦设备，已从MK7-1发展到MK7-4，总的趋势是设计吸收能量越来越大，允许的飞机降落速度越来越快，控制能力逐步提高。"企业"号开始服役时均为MK7-2型，后期用于阻拦索的4部阻拦机升级为MK7-3型，用于阻拦网的阻拦机为MK7-2型。"企业"号的阻拦索装在斜角甲板的着舰区内，共4道，可以停住重30吨、速度为140节以上进场的飞机。阻拦网由尼龙绳制成,平时放倒,只有在应急情况下才竖起,比如飞机燃料用完或阻拦索阻拦失败,竖起时高约4.5米,竖起所需时间为2分钟。

"尼米兹"级前8艘航母均设有4道阻拦索,1道阻拦网。最后两艘CVN76、CVN77阻拦索减为3道。阻拦索垂直于斜角甲板中心线,从距尾端50米左右处开始,向舰首方向,每隔约12米横设一道,高度距甲板平面5~14厘米。阻拦索两端通过滑轮与甲板缓冲器相连。飞机着舰时,机身后的尾钩便伸出钩住阻拦索。阻拦索放出的最大长度约为105米,其拉力可在2秒内将重达22.7吨、时速241千米的飞机的冲力抵消,使飞机在不到105米的距离内完全停下来。飞机的尾钩只要钩住一根阻拦索,即能起到制动作用。如果飞机的尾钩没有钩住阻拦索,飞机则应马上拔高复飞,以求再次降落。为确保阻拦着舰的安全性,阻拦索每完成125次阻拦作业就需要更换。阻拦网是一种应急设施,是在舰载机的尾钩出现故障、燃油耗尽或战斗操作等紧急迫降情况下使用。当需要时,由舰面人员紧急拉起由尼龙带编制成的阻拦网,按下控制器按钮,阻拦网两侧的支柱便迅速竖起,网高约4.5米,能将舰载机迎面网住。阻拦网每次使用后都要重新更换,绝不允许重复使用。

竖起的阻拦网支架

船员正在安装阻拦网

美国航母舰载机的助降有哪些方式

目前，航母舰载机的助降（进场着舰引导）主要有两种方式，光学的目视助降和电子助降。它们的作用是为飞行员提供甲板上各方位和高度的精确信息，保证舰载机在下滑时高度正确和机翼保持水平状态，引导舰载机以合适的姿态和速度安全降落在航母飞行甲板上。光学助降系统用于舰载机以半自动或人工模式进场着舰的情况下对舰载机的引导。光学助降系统的特点是必须利用可见光和目视方法降落，只能用于天气情况较好的条件下，以及夜间航母电磁管制时不能采用电子助降的情况。目前，美国现役核动力航母上的光学助降系统包括改进型菲涅耳透镜光学助降系统、激光助降系统、飞行甲板灯光和标志等。光学助降系统价格低廉，可靠性高，不存在电磁干扰问题，不受电磁管制的影响。光学助降系统虽然直观、实用，其最大的缺点是受天气和能见度的影响较大，因此除光学助降系统外，美国航母上还安装使用了以雷达为探测传感

菲涅尔透镜组

菲涅尔透镜组在夜间非常醒目

器的舰载机电子助降系统，实现了舰载机进场着舰的自动化，安全性和精确性很高。

目前美国航母实际上采用两种助降系统相结合的舰载机助降方式，两者相互配合使用。光学助降系统主要是改进型菲涅耳透镜光学助降系统，另外还配置了一套轻便型的作为应急备用的助降系统，称为手操目视助降系统。手操目视助降系统由光源灯箱、2个基准灯箱、电源控制箱、基准控制箱、变压器箱、着舰信号官控制器和灯箱监视台组成，可像改进型菲涅耳透镜光学助降系统一样，为飞行员提供同样的视觉信息。"尼米兹"级的电子助降系统主要是以AN/SPN-46雷达为核心的精确进场着舰系统和以SPN-41雷达为核心的仪表着舰系统。此外，"尼米兹"级还装有助降电视系统。助降电视系统主要用于飞行甲板日夜作业情况下，监视和记录着舰飞机，同时还可使引导着降的军官获得飞机着舰时调整航线的信息，并可作为飞行员汇报和详细分析事故的一种手段。助降电视系统由中线电视摄像机系统、岛上摄像机、光导管摄像机、盒式录像机、监视设备和控制室组成。

航母舰载机是如何执行调运任务的

航母执行任务的效率离不开舰载机的调运工作，涉及舰载机的起飞、着舰、阻拦、回机库等流程管理。以美国海军航母为例，舰载机在弹射器上弹射起飞后，另一部弹射器上的舰载机已经做好立刻起飞的准备；同样，舰载机在航母上降落后会立即离开降落区，以便后续飞机的降落。因此，航母在设计时需要周密地考虑作业期间舰载机的调运路线，以合理"空中管制"，以免发生堵塞。舰载机在飞行甲板上的调运主要依靠大功率牵引车，在飞行甲板和机库两层之间的转移依靠飞机升降机；舰载机降落到甲板上后就由飞行甲板工作人员调度和控制。飞行甲板和机库甲板控制室内的军官负责管理全部舰载机，控制室装备的监控设备可以拍摄飞行甲板和机库甲板现状，传送到起飞、着舰的指挥部门，以视频在线方式进行调动管理。

舰载机由地勤人员从机库牵引至升降机，而后提升至主甲板"福特"号甲板上排列的各类地勤车辆

航母的飞机升降机结构及作用机理

  飞机升降机是在飞行甲板与机库间调运舰载机的工具，主要用于运输飞机，也可用于运输货物和设备，是影响航母作战效率的特种设备之一。飞机升降机主要由液压油缸柱塞组件、升降平台、滑轮、导向滚轮及其导轨、锁销组件、液压动力系统、钢丝绳组、控制系统、安全设施等组成。飞机升降机的结构要能承受升降平台的自重、额定载荷、风载、浪载以及由航母和升降平台运动所产生的动态载荷，还要考虑爆炸冲击波的压力载荷。按在飞行甲板上的布置位置，飞机升降机可分为舷内和舷侧两种。美国在第二次世界大战中的航母上首先采用了舷侧升降机，沿用至今。虽然舷侧升降机在舷侧开口，其开口处需解决张出的悬臂结构问题，重量较重，加工工艺难度大，水密、气密及防化

"尼米兹"级左舷升降机

"二战"时期的航母升降机通常设置在甲板中间，占用甲板调度空间

"福特"级升降机与机库大门

性较差，而且海浪易于打上升降机平台，但其优点是舷内式所无法比拟的。首先，飞行甲板中部不必开口，提高了舰体结构强度；其次，可避免飞机垂直升降调运时影响飞行甲板上的航空起降作业，有利于提高航母的航空作业效能。

美国典型航母的飞机升降机及机库布置

"福特"级航母有3部飞机升降机和2个机库间，而"尼米兹"级航母有4部飞机升降机和3个机库间。一般来讲一艘航母上的升降机数量越多，其航空作业的灵活性就越大，受舰体几何尺寸的限制，其数量也是一定的。"企业"号装有4部飞机升降机，右舷3部，左舷1部。升降机由铝镁合金制造，升降平台尺寸为长25.9米，宽15.85米，垂直行程为11米，提升能力为58.968吨。每部升降机一次可运送2架飞机，在飞行甲板和机库运行一次只需25秒，加上在飞行甲板和机库甲板各停15秒的装卸时间，升降机具有在1分钟内升降飞机的能力。4部升降机可以同时进行飞机的升降作业。升降机与机库相通的开口四角设计为圆弧形，机库有内外双重门，在遭受核生化武器攻击时可密封关闭。

"尼米兹"级航母共装有4部舷侧飞机升降机，4部飞机升降机可以使飞机从飞行甲板到机库之间的调运非常方便、迅速，对飞机周转十分有利，即使1部升降机发生故障，另外3部仍可以照常工作。1号和2号飞机升降机位于岛前，3号升降机位于岛后，4号升降机位于左舷侧斜角甲板尾部，这种布置方式从"小鹰"号采用后就成了美国后续航母"企业"级、"尼米兹"级的标准配置。飞机升降机的这种布局不会影响飞机的起降作业，又可以方便、快速地将飞机在两层甲板之间进行调运。每部升降机尺寸都是25.9米×15.85米，大小相当于一个篮球场，自重105吨，提升能力58.968吨，可同时运载2架飞机，可在1分钟内将飞机由机库提升到飞行甲板上，或是由飞行甲板送至机库，其中，从机库升到飞行甲板或从飞行甲板降到机库用时约30秒，在机库甲板和飞行甲板位置各停留15秒，用于飞机进出升降平台。

"福特"级航母在减少一部升降机的情况下实现了更高效的舰载机调运

"企业"号采用了四台升降机的设计

"尼米兹"级基本沿用了"企业"号的升降机布置模式

不同尺度航母的机库存在哪些差异

机库位于飞行甲板的下面，是停放和检修舰载机的场所。机库有开放式和封闭式两种构造方式。开放式机库以机库甲板为强力甲板，而封闭式机库是把飞行甲板作为强力甲板，承受波浪作用于船体的弯矩，飞行甲板与强力纵梁牢固连接，纵隔壁从飞行甲板一直延伸到船体下部形成一个整体结构，把机库包在里面。开放式甲板为航母开创期到"二战"中期的主要构造方式，"二战"时美国和日本的航母多是这种形式。英国从1938年完工的"皇家方舟"号起采用的均为封闭式机库。后来，英国海军又在1941年后完工的"光辉"级的飞行甲板上加铺76毫米装甲。机库的大小根据对机库内停机架数和实际所搭载的飞机类型和尺寸的要求而定。通常，轻型航母由于干舷较低，抵御恶劣气象条件的能力也相对较弱，因而要求机库能容纳航母搭载的所有舰载机。大中型航母则要求能停放半数以上的舰载机，其中包括所有直升机。从美国航母来看，根据设计经验，机库长度取设计水线长的67%为最佳，通常大型航母机库宽度都不延伸到两舷，一般取设计水线宽的72%～80%，机库的高度根据舰载机的高度及机库应具备的维修能力的要求而定，机库的净高取决于舰上最高飞机的最大高度，并要考虑0.25～0.3米的安全间隙。

现代航母的机库设计更为宽敞

航母后勤保障系统的必要性

航母作为国之重器,是大国海军的重要标志,也是现代海军作战力量的核心。航母军港能够对母舰和庞大数量的舰员提供保障及服务。航母的保障系统作为航空指挥的"舰–机"协同的纽带,直接影响航母舰载机作战能力的提升。航母的保障系统涉及母舰、编队、保障设备及人员等多个复杂平台,是典型"人机环"协同的复杂工程系统。

航母装载的大量指战员、舰载机以及航母平台想要在海上得到持续的机动巡航或者作战状态,必然需要航母的后勤保障系统提供定时的技术、物资支持。对于大型舰艇来说,拥有可靠、安全的后勤供应链条也是完善作战、提升作战效率的重要基础。以美军的"尼米兹"级"斯坦尼斯"号航母为例,其标准排水量103637吨,符合编制的人员配置为5750余人。如果航母维持在日常的普通巡航状态,食品的消耗量约占航母物资储备的一半。如果航母进入作战状态,无论是保障舰载机以及依靠自防御设备作战的燃油、弹药,还是航母全体官兵的食物消耗速度都非常快,因此航母需要配置一套完善的后勤保障系统。

维持航母的正常运转需要不间断的物资供应保障。拥有高效、完善的后勤保障系统或者其他储能设备的支持,才能让航母持续维持战斗力。后勤保障系统的主要任务是组织计划、指挥和实施海军的军需物资、经费、武器装备、弹药、油料(燃油、润滑油和特种油)、港湾勤务、帆缆器材、卫生医疗器械、医药品、运输补给和工程等保障。在现代条件下,后勤保障愈加复杂、艰巨,更须具备适应这种新条件的保障手段和保障能力,具备科学化、自动化的后勤管理和组织指挥。

航母本舰需要哪些保障资源

要保持航母的高度战斗准备，燃油和弹药补给都极为重要。一艘大型常规动力航母要备有近8000吨的舰用燃油和近7800吨的航空燃料，其自身燃油消耗每昼夜达400吨。一艘常规动力航母的弹药储备为2000吨左右，核动力航母由于不需要搭载舰用燃油其弹药储备则多达3000吨。

实际上，航母自身为消耗物资提供的补给是十分有限的。以舰载机的航空燃油为例，美国核动力航母携带的航空燃油为8500吨，这些数字若与家庭轿

"尼米兹"级通过干货补给装置补充舰载机航弹

车只有60~70升的载油量相比，简直就是天文数字。一艘大型航母上搭载的飞机在80架左右，每架舰载机出动一次平均就要消耗燃油8~12吨，假设每架飞机每天出动一次，则航母每天需要消耗的航空燃油就达到640~960吨。按照这样的油耗，大型航母上的航空燃油的储备只能维持8~12天，实际上这还只是理论计算。按照美国和北约海军规定，一般情况下，航母的航空燃油储量不得低于50%，进入战区前不得低于90%。以不低于50%的储量计算，一艘携带8500吨航空燃油的航母，每隔4~6天就必须进行一次航空燃油补给；如果以储量高于70%计算，则每隔2.8~4.2天就需进行一次补给。根据对海湾战争的统计，在舰载机联队攻击作战时，平均每飞行3~3.2小时，就需实施迎、送二次空中加油，每架次的油耗比标准高出50%以上；由此可见，航母航空燃油所需的补给量很高。

"尼米兹"级使用液货补给装置补充航空油料

航母的弹药需求包括航炮和舰炮弹药、炸弹、导弹、火箭、推进剂、烟火器材等。一艘核动力航母的弹药装载量可达3000吨，常规动力航母的弹药装载量为2000吨，其中包括舰载机使用的航空弹药和航母平台使用的防御武器弹药。据对海湾战争的统计，美国航母上的舰载机一次出击携带的弹药，包括导弹、普通炸弹、制导炸弹、火箭弹、机关炮弹等，平均为2.5～3.5吨。航母的弹药储备大约可以支持舰载机800～1000架次作战飞行任务。如果按照一艘航母搭载80架舰载机、每架每天出动一次计算，航母上航空弹药的自持力为10～15天；遇到强度比较高的战斗时，自持力只能维持一星期左右。航母和其他舰船消耗的弹药通常以作战5天为一个基数，作战强度较高的时候减半计算，在战区每隔2～3天需要补给一次。

航母编队需要哪些保障资源

伊拉克战争期间，美国和英国海军在地中海、红海、波斯湾集结了"杜鲁门"号、"罗斯福"号、"小鹰"号、"星座"号、"林肯"号和"皇家方舟"号6个航母战斗群。其中，"小鹰"号航母的舰员多达5480人。航母战斗群拥有如此多的人员，也给生活保障带来了很大的压力。航母战斗群的饮食保障通常由各艘舰上的供应部门负责。以"小鹰"号常规动力航母为例，海上供应为一日四餐制，驻港供应为一日三餐制。舰上的菜谱每21天重复一次，中餐和晚餐有两种主菜系列可供舰员选择，其中包括1种淀粉类食品、2种蔬菜、3种沙拉和2种甜点。食品的搭配考虑到色、香、味、形，同时兼顾营养、合理膳食。

航母在海上执行作战任务时，油料消耗量非常大，要求在非作战、舰载机不起降的航行时间里，燃油储量不低于70%～80%。通常，一支由8艘舰艇组成的常规动力单航母编队，其舰用燃油装载量约1.71万吨。假定航母编队以20节航速航行，则每天平均油耗为1340～1410吨；如果每天有1/4的航程处于飞行战斗状态，为保证舰载机起飞，航母打击大队每天平均油耗达1800多吨；如果要保证50%的舰用燃油储量，每隔4～5天需要补给一次；如果保证

同时接受横向补给的"企业"号核动力航母和"佩里"级护卫舰

70%的舰用燃油储量，则每隔2~3天就需要补给一次。

此外，航母编队的零配件补给不论战时还是平时都是少不了的，包括各种武器装备用的零件、部件、配件、附件、工具等，和油料、弹药一样，对保证舰船的正常执行任务至关重要。从理论上看，零配件的消耗量、储备量取决于所选用的武器装备，但零配件的消耗量估算与燃料、弹药的消耗相比，其难度大得多。除了一般军舰上有的武器装备外，航母上还有许多不同类型的舰载机，更增加了零配件补给的难度。各国在为军舰设计装备的时候，都会考虑到战时的环境，尽可能把军用装备设计成由更方便更换的零部件组成的模块化装备，只要储备足够的零配件就可以保证武器装备长期正常工作。现在，零配件不但要求更换方便，更要尽可能少，以减少资金消耗和保养零配件消耗的人力物力。

美国海军的海上补给体系

庞大的油料、弹药、食品等消耗物资，如果没有快速有效的海上补给是不可能迅速补充的。以美国海军为例，其海上补给已有近百年历史，目前已建立了比较完善的海上补给管理机构，主要有海上供应系统司令部、军事海运司令部和海上补给部。

美国海军海上补给自成体系，上下管理体制协调运行，使作战与后勤保障衔接非常紧密，有利于快速反应和快速补给。美国海军海上补给采用阶梯式的补给模式。海上补给由海上供应系统司令部、军事海运司令部共同负责。通常做法是航母打击群出海之前，通过海上供应系统司令部下达补给任务，军事海运司令部的舰船首先在港内装满油，在航母打击群出发前为航母打击群和其他舰船补给，部分舰船由海军补给中心负责在码头补给。航母打击群出海后，由海上供应系统司令部派出补给舰船伴随海上编队，采用伴随保障样式进行海上补给。当伴随保障的补给舰船上携带的物资基本补给完后，由海上供应系统司令部和军事海运司令部共同派出支援穿梭船队为伴随的补给舰船实施再补给。海上支援船队所需要的物资由军事海运司令部派出运输支援船队或海外基地进行补充。通常在海上编队中专门设置一名海上补给专业军官，负责海上补给的组织工作，使海上补给工作更加系统、科学、安全，形成一个完整的海上保障体系。

航母编队采用怎样的保障方式

美国海军为航母打击群进行海上补给保障的方式主要有以下几种。

- 伴随保障

美国海军航母打击群海上伴随保障又称为一梯队保障，主要依靠建制的快速战斗支援舰、综合补给舰、油料淡水供应船、舰载直升机、舰载C-2A小型运输机进行，是美国海军海上后勤保障系统的关键环节，在向作战海域航渡途中，视航母打击群的物资消耗需要随时进行海上补给。目前，美国海军拥有快速战斗支援舰和干货弹药补给船等，负责跟随航母打击群航行补给，大约80%的物资由伴随保障完成补给。

- 应召保障

为了弥补伴随保障舰船的不足，美国海军一般还派出数艘综合后勤支援舰船对航母打击群进行二线穿梭应召补给，即二梯队保障。这类船只通常由各单项物资运输补给船、修理船、打捞救护船、拖船、医疗船各单项补给船组成，能在战区海域附近对伴随作战编队的综合补给舰船实施再补给，对战损和故障舰船实施抢救与修理，对伤员实施收治医疗，具备供、救、医、修等综合保障能力。如在越南战争中，美国海军航母打击群配备快速战斗支援舰，舰队油船不再伴随作战。它们开始在补给基地与快速战斗支援舰之间来回穿梭补给。在越战早期，舰队供油船通常2艘一组，进行为期5天的常规海上补给航行，出发地点是南越海岸以外的两个主要作战海域，其代号是迪克西站和扬基站。第

1艘油船从菲律宾的苏比克湾出发，开往迪克西站，与作战的航母特混大队或编队会合。第一天给特混大队油料补给，第二天按顺时针方向穿过"贸易时区域"并沿路提供补给服务，第三天回到迪克西站沿海岸向南航行，第五天再返回迪克西站。第2艘油船从苏比克湾出发，在扬基站与航母特混编队会合。第一天为其提供补给服务，然后按顺时针方向穿越"贸易时区域"，第二天抵达北部湾，第三天返回扬基站并再次为编队提供补给服务。在返回苏比克湾之前，该船很有可能与前来的1艘油船一起遂行补给任务。

美国海军战略预置舰

支援保障

美国海军对航母打击群的支援保障，又称前进基地物资补充。这类补给舰通常由货船和其他商船组成，主要任务是往来于美国本土和前进基地之间，为前进基地提供物资补充，使前进基地始终保持足够的物资支援能力。以伊拉克战争为例，美国本土距离伊拉克超过20000千米，英国距伊拉克也有5500千米，战争中数十万军队的生活物资、武器装备、油料、弹药及人员主要靠战略运输完成。美国海军为了将更多的战略物资运往前线，在海上布置了预置船，储备了大量的所需战略物资，为伊拉克战争的胜利提供了完善的保障。

航母编队如何进行后勤维修保障

航母编队在执行任务时除了接受各种补给,还需要进行维修保障。一般情况下,舰船(包括人员)的损失率低于1/100,但是"损耗率"较高。按美国海军的战备规定,平时应有30%的舰船执行作战任务,30%的舰船执行训练任务,另有30%的舰船在港维修保养。由于海上的特定条件和舰船所必须面对的极端环境等因素,海军的事故率较高,航母上舰载机频繁起降,事故率更高。因此,维修保障是航母在其全寿命期限内一项非常重要的工作。

航母舰载装备种类繁多、技术性强,维修面非常广泛,根据故障大小可以分为小修、中修和大修。对航母的维修保养,根据故障大小和维修保养的复杂程度可以分为3级:原位维修、离位维修和后方维修,后两者又称中继级维修和基地级维修。原位维修的目的是使舰上的各种设备处于良好工作状态,这对航母长时间巡航和作战有重要意义,由航母上的装备操作人员和维修人员在航行过程中实施。中继级维修是指对航母定期进行的难度较大的中修,或者更换大型部件的总成,这种维修的实施是根据航母活动时间的长短和强度确定的。

经过多年海外部署,船身锈迹斑斑、亟待修整

中继级维修由岸上维修站或者海上机动维修分队组织实施，岸上维修站有各种完善的修理设施和专业维修人员，有的还有专用船坞。基地级维修是航母的大修、换装和改装。大修是指修复航母损坏的舰体结构、舰上武器、技术器材，或者更换同型号同性能的部件。换装是指采用技术性能更好的同型号部件替换舰上过时的武器和技术器材，换装可以单独进行，也可以结合大修进行。改装是指改变航母的舰体结构、更换武器和技术装备，以改变航母的战术技术性能和用途。

  航母编队不仅为舰船与设备维修提供保障，还要为舰员和舰载机人员的卫生勤务提供保障，其目的在于利用海军组织严密的卫生勤务系统，发挥最大的医疗效果，保存人力，恢复和提高战斗力。卫生勤务保障的范围包括，医疗预防、伤病员后送住院治疗、牙医保障以及提供航母所需的医药器材补给等。海军一般既要执行联合卫生勤务支援，同时要求舰船具有自我提供卫生勤务支援的能力。海军卫生勤务保障体系分为3级：舰船自身保障（一级）、伤病员收治保障和医院船保障（二级）。通常只要求舰船具有联合卫生勤务的一级卫生勤务支援能力，由设有流动床位的伤病员收治船来负责二级卫生勤务支援。总之，庞大的航母编队之所以有着强大的威慑与战斗力，其海上补给能力与维修保障是不可忽视的因素。

可以随航母编队进行部署的大型医院船

航母的保障装备有哪些

航母进行跨区域的机动作战时，都会配置7~8艘护航保障舰艇，以此形成一个完整的航母编队。以美军的单航母打击编队为例，1艘航母配置1~2艘巡洋舰、2~3艘驱逐舰、1~3艘护卫舰、1艘潜艇，另有弹药补给舰和油水综合补给舰各1艘。为此，航母的后勤保障主要依靠为其服务的庞大的运输船队。航母编队一般都会配置有提供弹药和油料、食物、淡水的补给舰艇，从而保障航母能够持续工作。一般情况下，补给舰的主要作用是向包括航母在内的舰艇供应正常执勤所需的燃油、弹药、食品、备件等补给品。航母补给舰属于机动舰艇，不能持续运输给养到作战区间，需要在保证自身的有效航行距离内，储备更多的弹药及食物供给作战或者跨区域巡逻中的航母。当前，每艘航母出航都伴随一艘综合类型的补给船，包括综合补给船、快速战斗支援舰、特种武器和弹药运输船、舰队油船等。这些补给船的特点是：排水量大、载重能力强、续航距离远、航速快，具备专用的航行补给装置和载货直升机。

美军的快速战斗支援舰补给舰主要是5万吨级的"萨克拉门托"级支援舰，其具有完善的货物高速自动穿梭传送系统。满载排水量高达5.36万吨，长241.7米，宽32.6米，航速26节，载重量3.2万吨（舰用燃料2.06万吨、航空燃料8000吨、弹药2150吨、干货500吨和冷藏货150吨）时，续航力为1万海里。为防止敌方飞机和导弹的袭击，舰上装有4座MK33型双联76毫米火炮，还装有2座6管20毫米MK15型"密集阵"近防炮，其射速每分钟高达3000发。此外，还装有"海麻雀"防空导弹发射系统。为了加速完成装卸和补给任务，舰上载有2架UH-46"海上骑士"直升机，两舷设有15个干、液货输送站。该级舰在两小时内可为航速15节的航母补给2800吨燃料、500吨弹药和100吨粮食。

用直升机进行海上垂直补给，是一种行之有效的补给方法。早在"二战"期间，美国人就使用直升机把一些最急需的物资和人员运送到航母上，现在则大量使用载重量大的全天候直升机。美国海军在S-3A舰载反潜机基础上建造了US-3A运输机（载重量2610千克，满载航程为3200千米），采用舱内装载和机外悬挂相结合的运输方式。在垂直补给方面，"海上骑士"直升机有着独特的优点，能将大型集装箱快速地搬运到航母上。

接收垂直补给的"尼米兹"级航母

快速战斗支援舰"萨克拉门托"级

航母母港的特征与分类

航母母港具有如下几方面特征。首先，战略位置重要。作为航母作战训练和后勤保障的主要依托，航母母港首先要符合国家战略和国防战略的需求，部署于最重要的战略方向和战略要冲。如美国海军是当今唯一的全球性海军，现役航母数量众多，其母港设置充分考虑了美国国家战略及战术需求。最大的航母战略诺福克位于美国东海岸中部，拱卫美国的东大门；西海岸最大的航母母港圣迭戈是美国西南部的海上门户，也是美国海军控制东太平洋和巴拿马运河区域的主要据点；横须贺港位于东京湾，是美军在西太平洋地区最重要的前沿阵地。以上3个母港是美国作为全球战略要地的"战略三支点"。其次，驻泊体系完备。航母母港突出体现了"大"的概念，即驻泊规模大、体系能力大。美国诺福克和英国朴次茅斯等航母母港均注重生活服务与军事保障功能的协调建设，普遍建有功能齐全的兵员休整宿舍、军人家属公寓、学校、医院、服务社区等生活保障设施，能够满足航母编队人员及家属的工作与生活需求。

多年来，经过不断的调整完善、增加资金投入及技术装备，特别是加大国防工业相关部门的协调与配合，美国航母母港已成为具备大型舰艇维修和保养能力、资源配置十分合理、功能设施齐全的战略中心，基本实现了为航母及其编队提供全面的休整和补给、提高舰队的快速反应能力以及提供可持续保障力等目标。根据航母驻泊、行动需要和港口各类设施的完善程度，航母母港通常分为战略母港、前沿母港和机动母港3类。如美国、英国、法国等国的母港作为后勤支援保障型母港基本不具备作战指挥职能，重点为航母、舰载机及其人员提供驻泊、驻屯、补给、维修和生活保障；如俄罗斯海军"库兹涅佐夫"号航母驻泊的北莫尔斯克母港则兼具作战指挥与后勤保障职能，驻泊期日常行政管理由北方舰队北莫尔斯克海军基地负责。"库兹涅佐夫"号航母作为俄罗斯海军的战略力量，其战时指挥则由北方舰队和海军司令部直接负责。英国拥有百年航母史，对于航母母港的建设与使用拥有丰富的经验。目前，现役"伊丽莎白女王"级航母的母港为朴次茅斯海军基地，该港区位于一个口袋形的海

返回诺福克基地的"尼米兹"级航母

湾内，湾口朝南，比较狭窄，进港航道水深9.5米，港内有停泊锚地3处，港外是斯皮特黑德海峡东口，水域宽阔，水深20～30米，避风性好，为舰艇主要停泊锚地。法国由于地理位置所限，航母母港位于法国东南部的土伦海军基地，配套建设有海军站、造船厂、营区、油库、仓库和海航站等，可供"戴高乐"号航母等各类舰艇停泊。印度现役航母母港位于孟买岛东岸的孟买海军基地，其港口水深10～12米，地形隐蔽，为天然良港，现有4个码头区，约50个泊位，可停靠7万吨级舰船，可泊各类舰艇。印度在建的卡达姆巴海军基地是印度海军现代化计划中的一项工程，是其实现"三航母战略"目标的重要组成部分。

停泊在华盛顿吉萨普海军基地的"尼米兹"级航母

航母的维修保障体系及其发展趋势

由于航母服役期限较长，为确保航母及舰上装备和系统能够满足新时期海上作战需要，航母需按计划在船厂或基地接受维修和保养，航母的维修保障已成为影响其战斗力的重要因素，甚至与航母作战性能一样居重要地位。

美军航母维修体现了全寿命周期、全系统的现代舰艇维修理念，这种理念贯穿了航母服役到航母退役的全过程。关于航母的维修管理工作，各级机关、航母上的各部门及人员都有明确分工。美国海军每艘航母的服役寿命、服役期间进行的定期维修升级以及日常的维护保养，都是在航母服役之前就已制定好的。经过长期的不断发展和完善，目前美国海军已经形成了一套较为完善的三级航母维修保障体系：舰员级维修，由舰上设备操作人员完成，主要工作内容是设施维修、系统和部件的日常预防性维修、维修工作记录等；中继级维修，主要维修内容包括超出了舰员维修能力的船机电和作战装备、系统的维护、修理、翻修、安装、质量保证、校准、测试和其他与之相关的工作等；基地级维修，在航母停泊基地或修理厂内完成，主要包括完成超出舰员级与中继级维修能力的更高的工业维修和舰船现代化改装等任务，例如大修、改装、翻新、恢复以及更换核燃料等。

就管理体制来说，美国海军建立了较为健全的维修保障管理体制。美国海军航母维修管理工作在海军作战部的领导下，由海上系统司令部、供应系统司令部负责，并直接管理基地级维修和器材保障；航母维修和器材保障以及中继级以下维修，通过舰队实施管理。海军作战部、舰队司令部、舰队舰种司令部、海上系统司令部、海军供应系统司令部、项目执行官、舰队指挥官、船厂及相关下属机构分别有各自的职责和分工，全面、统筹、协调推进和实施航母维修工作。

航母作为美国海军的中坚力量，其维修保障能力的发展趋势主要表现在以下两点：①作为技术保障能力的前沿存在，努力提高航母国外驻泊基地和远离本土的保障基地的维修能力，并提高前沿预置器材水平和战略海运能力。此外，在航母上机械零件加工设备、器材供应不足的情况下提高舰艇本身复杂配件的应急制造能力等。②通过提高信息化水平，提高航母维修保障的精确保障能力和远程保障能力。例如，为现役航母研制状态检测系统，在新一代航母建造中全面采用计算机诊断和状态管理系统，为实现准确的预知维修创造条件；通过解决远程维修保障遇到的通信传输容量和传输速率等瓶颈问题，广泛推广远程维修等。

进入干船坞准备中修的"尼米兹"级航母,船首锚已经提前拆下单独保养

在基地排队等待维修的美国航母

美国航母甲板上的"彩蝶"们如何区分工种

美国海军航母工作人员的工作服分为7种颜色，以紫、蓝、绿、黄、红、棕、白七种不同颜色工作服和救生背心区分不同的工种。

穿黄色工作服和救生背心的人员主要负责舰载机的调度、引导，他们是甲板上唯一有权调度、引导舰载机移动的人员，包括飞行甲板军官、飞机调度军官、飞机弹射官、阻拦军官、飞机引导员。飞行甲板军官负责确保甲板工作人员和设备的安全有效作业。飞机调度军官负责监督航母飞行甲板和机库甲板上所有舰载机的调度，协助"航空老板"航空部门长管理飞行作业。飞机弹射官和阻拦军官在飞机调度军官的配合下，分别负责指挥弹射器和阻拦装置操作人员，确保弹射器和阻拦装置安全高效地工作。飞机引导员为飞行员提供视觉信号，负责引导舰载机。

穿蓝色工作服和救生背心的人员在穿黄色工作服人员的指挥下，具体负责

美军航母甲板工作人员

飞机的调度和移动，包括升降机操作员、飞机移动和轮挡员、牵引车司机、传令兵。身着蓝色工作服、头戴白色头盔的升降机操作员会根据指示将舰载机从机库升至舰面。飞机轮挡员穿蓝服、戴蓝盔，他们负责抽除和垫上轮挡。穿蓝服、戴蓝盔且工作服或救生背心上印有"T"字符号的为传令兵。穿蓝服、戴蓝盔、工作服或救生背心胸背印有牵引机符号的则是舰上的牵引车司机。

穿绿色工作服和救生背心的人员有弹射器、阻拦装置、尾钩操作员，飞机、甲板设备维修人员，以及直升机着舰信号员和货运员、摄影师。其中，弹射器、阻拦装置、尾钩操作员分别负责所有飞机弹射起飞装置、飞机回收阻拦装置的具体操作、安全检查和复位，确保舰载机能够安全高效地弹射起飞和回收。飞机维修人员和甲板设备维修人员分别负责飞机和飞行甲板设备的维修与保养。直升机着舰信号员负责用手势信号指挥直升机起飞和着舰。货运员负责除武器弹药和燃油外所有货物的搬运、装载工作。摄影师负责用图像和视频记录飞行作业，撰写安全报告，用于存档和对外发布。

穿红色工作服和救生背心戴红色头盔的舰员承担极具危险性的工作，包括机载武器弹药的搬运、装卸，问题弹药的处理以及消防、救援等，这些人员是军械员、飞机失事救护员、消防员和爆炸物处理员。有时，要员上航母飞行甲板时，也穿红色工作服和救生背心。

穿棕色工作服和救生背心的是飞机器材检查员和外场机械军士长。

穿紫色工作服和救生背心的是航空燃料员，负责舰载机的加油和排油，并为舰上机动设备补充汽油，为弹射器添加润滑油，为喷气发动机试验提供燃油等。这些人员因穿紫色服装而被称为"葡萄"。

美国海军航母上穿白色工作服和救生背心的人比较多，主要负责舰载机和机组人员的安全，包括舰载机联队质量控制员、中队飞机检查员、液氧员、安全员、医护人员以及飞机降落军官、空运军官。其中，飞机降落军官身着标有"LSO"的白色工作服和救生背心，他们要详细了解降落飞机的特性、气象情况、飞行情况，并随时与飞行员联系，及时准确操纵灯光信号，确保飞机安全着舰。医务人员胸背均标有显眼的红十字。

由此可见，穿戴不同颜色工作服/救生背心和头盔的工作人员在飞行甲板上工作时，都有他们自己明确的职责范围。其他国家海军航空母舰飞行甲板人员也穿着类似的工作服。

航母舰员平日穿什么

航母舰员作为海军官兵，除了作训服，平时穿的最多的还是普通制式海军服，包括礼服、常服等。世界各国海军军装主打海军蓝和白色。海军蓝（英语：navy blue）又名"藏青色"，接近黑色。海军蓝的得名是因为英国皇家海军自1748年以来以此颜色作海军制服，世界其他国家海军随后也采用海军蓝作海军制服颜色。在美国海军中，叫作"海军蓝"的许多制服（如蓝色礼服），实际上是黑色。藏青、黑与白无论哪个时代、哪个地区都是最经典的服装颜色，庄重、大方、美丽、耐看。

美国海军官兵，尤其是军官和军士长制服种类繁多。美海军军官和军士长的礼服就有多达10种，包括常礼服3种、正礼服2种、晚礼服5种。

常礼服用于日常正式场合穿着，包括报到、检阅、礼宾和官方访问、接待、出差等场合穿着，对应地方的正装，左胸口袋上配勋章略表。有海军蓝、白色和卡其色3种，海军蓝（实为黑色）常礼服冬天（或温冷天）穿，服装材料为涤毛华达呢或涤纶双面针织物；白色常礼服夏天（或热天）穿，服装材料为涤棉混纺织物或涤纶双面针织物。这2种常礼服都是双排铜扣、西装领，白衬衣、黑领带，戴白色大檐帽，军官军衔标志在袖口，军士长军衔标志在左臂。卡其色常礼服可常年穿着，为单排扣西装样式，服装材料为涤棉混纺织物或涤纶双面针织物，系黑领带，戴卡其色船形帽，配军衔肩章。穿常礼服时都配黑皮鞋，可以外披大衣和风雨衣。

正礼服用于参加指挥官交接仪式、舰艇和官兵服退役、婚礼、丧礼等正式场合穿着，有海军蓝和白色2种，为单排扣立领样式，戴白色大檐帽和军衔肩章，左胸配戴勋章和奖章，穿白色皮鞋。军官穿正礼服还要带佩剑。

晚礼服则用于宴会等最正式的场合穿着，共有5种，包括海军蓝和白色晚礼服、海军蓝和白色夹克晚礼服、正式晚礼服。海军蓝和白色晚礼服与同色常礼服类似，但系黑色领结。海军蓝和白色夹克晚礼服，为双排三扣短夹克，也系黑色领结。正式晚礼服为类似海军蓝夹克晚礼服的燕尾服，系白色领结，通常只有在国宴时穿着。

航母上有哪些食品种类

美、英、法等国海军航母的供餐制度大致相同，一日供应4餐，包括早、中、晚餐和夜餐。以美国海军航母为例。早上4时，炊事人员须按要求准时到达工作岗位，准备正常的早餐食品。早餐时间为5:30—8:30。舰员分批到餐厅就餐。早餐供应结束后，炊事人员便开始为第一批午餐人员作准备，10:30后就基本准备就绪。午餐时间为11:00—14:00。晚餐时间为15:30—20:00。夜餐时间为22:30—1:30。

美国海军航母可向舰员提供千余种食品，包括23种饮料（含各种鸡尾酒）、近80种甜点、118种沙拉、114种三明治、近250种素菜以及近500种荤菜（包括各种海鲜）。这里面还有许多其他国家的美食，如：中国的鸡蛋卷和鸡蛋煎饼、菲律宾的小蛋卷、土耳其的玉米派、瑞典肉丸、墨西哥胡椒牛排等。每艘航空母舰都有自己的食谱，制作食谱时既要有丰富的想象力，也注意花式的多样性，同时又要兼顾舰员的不同口味和爱好。舰上分士兵与军官伙食，士兵们吃自助餐，即从供餐线上取用各自喜爱的食品至餐厅用餐，军官们可自己点菜，由炊事人员端到餐桌上。舰上每周都要"改善生活"，供应龙虾、螃蟹、烤牛排等。自2007年年底以来，美国海军航母使用每2周（14天）为一个循环周期的食谱，也就是2周内每天食谱不重样。

此外，航空母舰还有24小时快餐和盒饭服务。快餐和盒饭也是按食谱要求制作，不仅能保证官兵随时用餐的需要，而且特别适合那些在短暂工作休息期间需要就餐的人员，如飞行甲板、航母控制室以及操作升降机等岗位上的人，美航母上每天要制作500~1000份盒饭，装入特制的餐盒送往舰上各个所需部门。美海军航母上，除了餐厅，还有小商店和多个咖啡店、冰激凌店和自动售货机，咖啡店提供多种咖啡、热巧克力和小点心，自动售货机提供多种果汁、可口可乐等饮料。航母上还存有15升装或30升装的啤酒1000多桶，以便在节假日或庆祝活动时供舰员饮用。天气好时，或是无飞行任务的日子，厨房还会在上甲板为不当班的舰员举办美式露天烧烤聚会，露天聚会时舰员没有等级之分，可以自由就餐，还可以按规定饮酒，以及唱歌、跳舞。

航母舰员在舰上怎么住

以美国海军"尼米兹"级大型航母为代表,主舰体从机库甲板以上分为9层,其中5层在舰桥上层建筑内,机库甲板以下除双层底外还分成8层,全舰有2200多个水密舱,大大小小几百个住舱,共有6000多张床铺、544张办公桌、813个衣柜、924个书架、543个公文柜、5803把椅子和凳子,以及29814个照明灯。

由于"尼米兹"级航空母舰采用核动力,相比常规动力的航空母舰有更大的空间提供给舰员居住,上千个舱室中,生活舱室占了大多数达1500多个,舰上按照军阶高低分配大小不同的住舱。为了便于舰员区分这些外貌相似的"房间",每个舱室都有相应的字母和数字编号,舰员俗称其为"牛眼"。这些字母和数字编号可表示舱室位置与部门信息,所表示的信息顺序通常为:甲板层号、肋骨号、距舰艇中心线距离、舱室用途,编号中的字母和数字之间

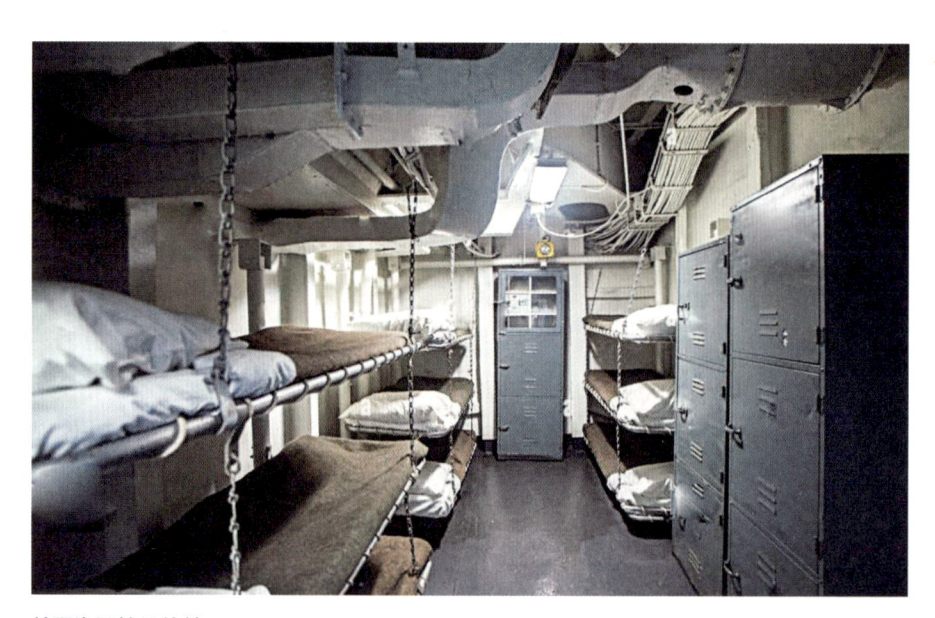

美国海军航母住舱

由连字符分隔，如2-56-3-B表示该舱室位于第2甲板、56号肋骨处，其右舷中心线外第3武器舱。其中，美海军单数为中心线右舷处、双数表示中心线左舷处，字母代表舱室性质，如A补给与存储舱室、B武器舱室、C操舵舱室、E机械舱室、F油料舱室、L生活舱室、M弹药舱室、T通道、V空闲舱室、W淡水舱等。由于美国海军航母上拥有数千个舱室，为便于发生紧急情况时的逃生和救援，海军对第一次到航母上服役的人员都要进行舱室划分与编号等常识的"入舰教育"。让新兵牢记舰上基本常识，如主甲板为第1甲板，以上的甲板分别编号为01、02、03等，主甲板以下的编号依次为第2甲板、第3甲板等等，肋骨号表示舱室与舰首之间的关系，肋骨号越大，表示该舱室距舰首越远。通常舰长、副舰长的住舱为大套间，下级军官一般2～5人合住一间，尉官以上通常2人一间，军士长住舱为4人一间，水兵住舱按军衔和职务为8～24人一间不等，在"尼米兹"级航空母舰上还为约20%的女兵设有单独的住舱与沐浴室。

航母舰员有哪些娱乐设施

航母常年在海上训练或执行任务，除了工作还有一部分时间需要"打发"。因此，舰上多设有电影室、阅览室、广播室、健身房、邮局和商店等便于舰员日常生活的设施，用于吃饭的大餐厅平时可用于会议或是休息的场所，宽敞的飞行甲板和机库也是舰员进行娱乐与健身的主要场所，机库清理后常作为篮球场或举行各种晚会，人们常常可以看到航母机库和飞行甲板上开展大型集体娱乐或联欢活动。平时舰员们除了在飞行甲板或机库进行跑步外，设置在舰尾区域的健身房是舰员们非常喜欢的活动场所，在飞行甲板上运动不仅需要天公作美，还需要选择非工作时间，并且要小心避开甲板上的各种"障碍物"。选择舰尾是因为尾部推进装置振动较大，不适宜作工作舱或住舱，因此有较大的空间满足健身房的要求，健身房面积甚至能达到几百平方米，旁边还常配置体育用品储存舱。法国海军"戴高乐"号核动力航母上的健身房可开展各种体育比赛，所配备的运动器材不亚于大城市内的运动馆，各种专业器材给

舰员们提供了良好的健身条件,以保证舰员在有限的空间能通过运动保持充沛的精力、强壮的体魄与愉悦的心情,使舰上的业余生活丰富多彩。此外,舰上电影室主要负责每天定期播放各种电影和录像片,

美国海军航母电影室

播放地点有时也会选择在餐厅或会议室;阅览室里相当于一个小型图书馆,各类杂志、报纸定期更新,还有许多文学、科普和专业书;舰上的闭路电视可通过卫星接收包括CNN在内的各种电视节目,还特设了电影、电视剧或专业培训等频道,特设了专用频道在线飞行甲板的活动;全舰各部位都装有喇叭,按时播放新闻和舰上讯息,音乐与综艺节目更是花样繁多来调节舰上相对烦躁的生活。

美国海军航母上还配有小型印刷厂,可以出印报纸、杂志和舰上的通讯、文件等,尽管进入无纸化办公时代,但大部分美海军航母都有自己正式出版的报纸,有些还办了杂志,这些报纸及杂志是航母上人员有归属感的重要宣传平台。为鼓舞舰员士气,通常每艘航母配有3~5名专职记者、编辑,报纸每周一期,这些工作专属媒体部门,有的舰上还设有专业摄录棚,每周制作和播放一次舰上新闻,各部门也会不定期把本部门工作、有趣的生活或发生的新闻性人物与事件上报,通过报纸、杂志、官方网络、闭路电视等进行宣传,成为航母有特色的传媒方式。

为了满足航母日常生活所需,舰上有专卖食物、饮料等的小卖部,同时可出售各种礼品。有趣的是在舰上买东西不用货币而是专门刷卡,因为一旦硬币或纸币掉落在飞行甲板上,对飞机发动机会产生严重损害,甚至发生恶性事故,所以舰员在出海前必须先购买一张类似银行卡的磁卡。

航母上如何就医

美国海军航母上设有相当于一个小型医院规模的医务舱室,既有内科、外科、五官科、牙科等就医舱室,也有消毒室、手术室、理疗室、注射室、病房、隔离室、化验室、药房和医务用品储藏舱,以及太平间。整个医务区有数百平方米,通常设在舰的中部略靠前,接近飞行甲板的一个甲板层内。手术室可以进行简单的外科手术,如阑尾炎;牙科可以补牙、拔牙,舰上配有简易的医疗诊断和抢救设施。病床按舰员1%～2%的比例设置,分为几个不同等级的舱室。对于重病员、复杂手术和疑难病症的病员需用直升机运到陆上或专门的医疗舰上去治疗。舰上除了集中在一起的医务舱室,还在舰首、舰尾设有备用的医疗救护所,以满足战时需要。在舰上还要考虑战时对放射性物质、毒剂和细菌沾染的医疗救护和卫生处理。航母上医务人员总数约为50名,主要包括医务部门列编的军士长2名、上士4～5名、中士6～7名、下士7名、卫生员8名,共约29名。另设牙医部门,由数名牙科医生和10余名牙科护士组成。在舰载机飞行联队上舰后还需增派17名医务人员,包括助理军医2名、上士6名、中士5名、下士4名。

美国海军航母上的医疗设备配备标准相同,主要的医疗装备有手术床、麻醉剂、人工呼吸机、心脏起搏器、心脏监护系统、心电图机、冰箱、离心机显微镜、X光摄片机、生化检测仪、手术灯、氧气瓶、高压消毒器以及实施手术的各种手术包、计算机、药品柜、手术器械箱、抗休克裤、牙科器械和血管造影设备等。此外,航母上还有若干个外科包扎站分布于全舰各个站位上。如"小鹰"号常规动力航母曾设有2个病房、45张住院病床、2张ICU病床、6个战斗救护所。医疗舱室有数个现代化的手术室、飞行员体检室、眼科室、五官科室、牙科室、理疗室、药房、洗消室、病院厨房等。全舰还配备有192个急救箱。舰上的牙科设施,除对舰员提供口腔卫生、治疗外,还可进行复杂的口腔外科手术,牙科修复实验室具有制作各种型号牙冠、齿桥和义齿的能力。"杜鲁门"号核动力航母设有1个实验室、1个药房、1套光学配镜设施、1个X

光射线室、1个接种室、1个手术室、45张病床、3张重症监护病床。此外，"杜鲁门"号还搭载有最先进的远程医疗设备，借助远程医疗系统，它可以向位于马里兰州的贝塞斯达国家海军医疗中心、弗吉尼亚州的朴次茅斯海军医疗中心进行实时咨询。舰上的牙科修补室可提供全套的牙科服务，能提供高质量的烤瓷牙、金牙和丙烯酸树脂牙镶嵌服务。"斯坦尼斯"号设有55张床位（含ICU病床）的医院、手术室、化验室、X线检查室、消毒供应室及药房等。手术室内设备齐全，可开展大多数常规手术和急救手术；化验室可进行各种医学检验，包括血液学、生物化学及微生物学方面的检测，舰上还有一个小型血库；X线检查室可开展各种放射检查，但无CT机，不能进行断层扫描摄影检查；药房储备有各种药物，处方类药物超过了450种，另有一部分非处方类药物，如镇痛药、抗酸药、感冒药等。此外，专门设立了一个牙科部门，可为舰员提供全面的牙科保障，包括补牙、拔牙、洁牙、牙龈治疗、牙根管治疗、牙矫形、安装义齿、假牙修复等，还可为患有口腔、关节伤病的舰员开展手术治疗。

美国航母的数量及部署情况如何

美国海军目前维持着由11艘航母组成的庞大舰队。在今后10年内，美国海军航母的数量将维持在11～12艘。

目前，7艘航母在东海岸拥有母港，4艘航母在西海岸拥有母港。2008年，当"小鹰"号退役时，"乔治·华盛顿"号从诺福克母港出发前往日本接替"小鹰"号作为前沿部署航母。同样，前沿部署期间，该航母维修周期较短且频繁。由于"乔治·华盛顿"号的维修在美国本土之外进行，因此不在本研究之列。在2006财年和2007财年之间，随着"肯尼迪"号航母的退役，航母数量从12艘减至11艘。2012年，随着"企业"号退役，航母数量减至10艘。2017年CVN78的首舰服役后，美国现役航母数量增加至11艘。

2030年之前，"尼米兹"级航母中总有一艘将处于换料大修状态，因此可用于部署的航母数量受到影响。航母数量减少和每三年一艘"尼米兹"级航母进行换料大修，现有航母的维修计划需要仔细评估，尤其要满足不断变化的维修需求。

美国海军现役航母

加利福尼亚州圣迭戈海军基地

"尼米兹"号
舷号 CVN 68　　服役时间 1975年

"罗纳德·里根"号
舷号 CVN 76　　服役时间 2003年

弗吉尼亚州诺福克海军基地

"德怀特·D.艾森豪威尔"号
舷号 CVN 69　　服役时间 1977年

"卡尔·文森"号
舷号 CVN 70　　服役时间 1982年

"西奥多·罗斯福"号
舷号 CVN 71　　服役时间 1986年

"乔治·华盛顿"号
舷号 CVN 73　　服役时间 1992年

"哈里·S.杜鲁门"号
舷号 CVN 75　　服役时间 1998年

"乔治·H.W.布什"号
舷号 CVN 77　　服役时间 2009年

"杰拉尔德·R.福特"号
舷号 CVN 78　　服役时间 2017年

华盛顿州埃弗雷特海军基地

"亚伯拉罕·林肯"号
舷号 CVN 72　　服役时间 1989年

"约翰·C.斯坦尼斯"号
舷号 CVN 74　　服役时间 1995年

美国海军航母的行动日程与部署计划是根据各作战司令部对航母的需求制订的。各作战司令部会对航母在其责任区内的部署时间提出要求，且其需求是随时间动态变化的，主要取决于美国政府当时在该战区的军事意图。根据2003年"舰队反应计划"，航母舰队的日程规划人员需要对航母的维修、训练、部署与维持战备的时间进行综合平衡，保证其作战需求得到满足，同时还要满足航母使用的总目标"6+1"舰队，即要求海军至少有6艘航母已部署或能够在30天内部署，第7艘航母能够在90天内部署。

为了今后在可用航母减少的情况下实现上述目标，美国海军不得不考虑如何充分利用每一艘航母。海军作战部分管资源、需求与评估的副部长下辖的评估部要求研究人员对航母维修周期加以研究，确定增加航母在前线部署时间的可行性与相关影响，必要的情况下可以考虑航母在每个维修周期内部署两次，但要确定在当前的航母部署政策下，这些做法对维修基地的维修任务安排可能产生的冲击。

美国海军为何要建立"舰队反应计划"

美国海军舰队主要部署在3个海外区域，即地中海地区、印度洋与波斯湾地区和西太平洋地区。2003年之前，海军采用的是为期两年的标准轮换周期制度，在母港部署至前沿区域驻扎6个月后，由其他航母打击群接替后返回母港并进入为期18个月的休整、维修与训练期，从而持续保持海军力量在上述区域的前沿存在。

按照以往美国海军"全球海军部队存在政策（GNFPP）"以及人员招募与轮换的有关规定，水面舰艇处于非部署阶段时，其主要工作是训练和维修。非部署阶段（称之为"部署间训练周期"），包括部署后休整期、维修期、训练期，随后又进入6个月的部署期。在"部署间训练周期"制度下，美国海军约有35%的舰艇和10%的现役人员随时部署在海外，基本能够满足冷战时期的任务要求。随着新的世界格局对传统的作战方法带来的挑战，尤其是"9·11"事件发生后，全球反恐战争导致美国海军的行动节奏大大加快，采用6个月的

以往的部署间训练周期制度

轮换制度，大量舰艇就会处于训练期或维修期，无法进行快速和应急部署。

在伊拉克战争开始后，美国海军共有70%的水面舰艇、50%的潜艇部署到波斯湾，包括7个航母打击群、3个两栖戒备群、2个两栖特遣队以及7.7万名海军士兵，并有1艘航母被派驻到日本以接替"小鹰"号航母的岗位。部署舰艇的数量和速度要求严重扰乱了美国海军的"部署间训练周期"的日程安排，导致很多舰艇没有按照预定时间抵达部署地点，而有的舰艇部署时间则超过了规定的6个月（如："林肯"号航母部署时间已延长至10个月，是越南战争以来部署时间最长的一次）。此外，舰艇的维修日程也受到了应急部署的影响，维修经费被分配给需要更多维修工作的舰艇和舰队，从而导致其他舰艇的维修经费被挪用、维修工作被延误，战备水平大幅下降，严重影响了美国海军作战能力的发挥。

为构建响应速度更快、部署能力更强的舰队以满足"全球反恐战争"的应急部署要求，2003年3月，海军作战部长（CNO）提出了舰队反应计划，制定了在30天内部署6个航母打击群，在90天内再完成2个航母打击群部署的总目标，并于同年5月指示舰队司令部司令（CFFC）对"部署间训练周期"进行必要的调整，以实现在接到命令后短时间内完成舰队部署的能力。为实现该目标，舰队司令部确定了新的"部署间战备周期（IDRC）"制度来取代传统的"部署间训练周期"制度，旨在提高维修日程规划灵活性的同时满足紧急战备需求。

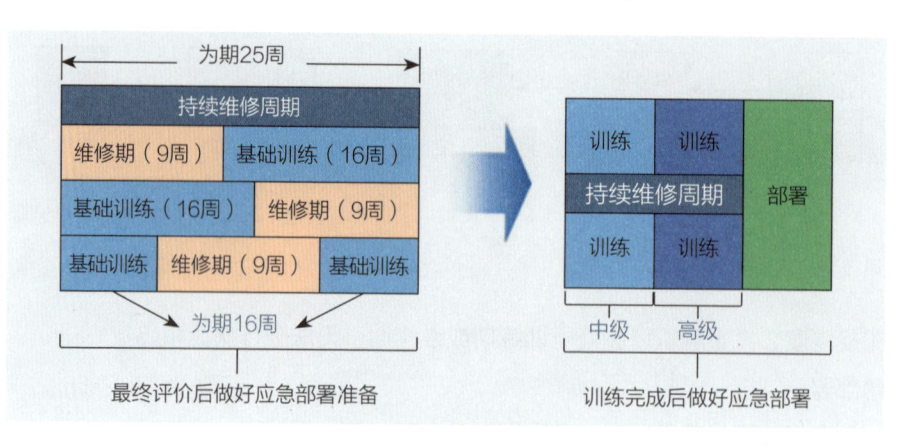

新的部署间战备周期制度

正在"尼米兹"级航母上进行弹射起飞训练的F-35C

舰载直升机起降训练

"舰队反应计划"的优势主要体现在哪些方面

"舰队反应计划"的目标是获得响应能力更强、战备水平更高的舰队，旨在通过一种全新的战备管理方法使海军能够快速部署更多的战舰。根据"舰队反应计划"的要求，未部署舰队要能保持高战备水平以在接到任务后快速完成部署行动。"舰队反应计划"的核心是新的"部署间战备周期"制度。

在2003年3月实施"舰队反应计划"之前，舰艇从部署地点返回后进入休整期，一般需要等待一段时间后才开展为期9周的基地级维修，之后进行为期16周的基本训练，随后开展中级训练和高级训练。必须按顺序依次完成上述各维修与训练阶段才能够获得战备水平较高的舰艇，缺乏必要的灵活性，某些在时间上并不冲突的训练和维修工作无法同时开展，严重限制了舰艇的应急部署能力。

实施"舰队反应计划"之后，舰艇从部署地点返回进入休整期后不需要等待，直接开展为期9周的基地级维修或为期16周的基本训练，也可在16周的训练期间穿插安排维修工作。尽管基地级维修周期没有变化，但可以更灵活地规划并开展基本训练，因此能够更早地进入中级和高级训练。

美国海军认为，根据传统的"部署间训练周期"，航母每次维修后，从平台级训练逐渐过渡到多平台集成训练，最后整个编队部署，但每次部署完成后，随着航母进入维修期和大批舰员轮换，编队战备水平大幅下降，难以满足紧急出动要求。实施"部署间战备周期"（IDRC）后，新的部署周期为24～27个月：航母首先经过9个月的训练，接下来进行6个月的训练状态保持，然后进行6个月的部署，最后进行一定时间的检修。由于航母动力形式的不同，检修周期也不相同，常规动力航母为3个月，核动力航母为6个月。

在部署周期中，航母训练完毕即达到可部署的状态，只是因为海军对官兵离开母港的时间有限制（出于生活品质的考虑）。平时，航母在训练完成后，仍在母港附近进行为期6个月的训练活动保持状态，然后再离开港口进行6个月的实际部署。这意味着，按照当前的部署周期安排，美国航母在一个部署周期内实际上有12个月处于可部署状态。如果仍以12艘航母（2艘常规动力航母和10艘核动力航母）来计算，那么美国在任一时间点平均有5.44艘航母处于可部署状态，这使得美国航母在一个部署周期内的部署能力比之前提高了77%。

美国航母"部署间战备周期"

初级训练	3个月	保持状态	6个月
中级训练	3个月	部　　署	6个月
高级训练	3个月	维　　修	3或6个月

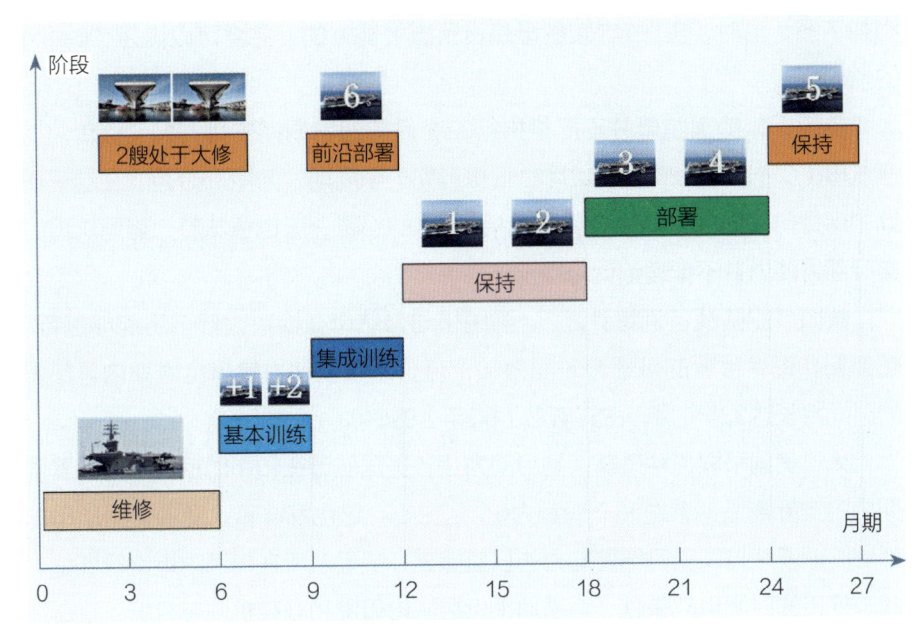

美国航母"部署间战备周期"

"舰队战备训练计划"是什么

  为了进一步提高航母的部署能力，美国海军采取了两项措施：一是将航母的干船坞维修周期从原来的6年延长至8年，并开始探索在部分航母上延长至12年的可能性；二是从2006年8月开始，将航母的维修、训练和部署周期进一步延长至32个月，即用"舰队战备训练计划（FRTP）"替代"部署间战备计划"。按照"舰队战备训练计划"，航母的部署周期分为4个部分，即基本训练阶段（平台级训练）、集成训练阶段、保持阶段和维修阶段。这种安排将使美国航母处于"3+3+1+3+1"状态，即3艘处于部署状态，另3艘可在30天内做好部署准备，1艘处于基本训练或集成训练阶段，可在90天内做好部署准备，3艘处于一般维修阶段，另1艘处于为期3年的换料大修阶段。

  按照新的"舰队战备训练计划"，以美国拥有11艘核动力航母计算，美国在一个部署周期内的任一时刻平均拥有6.5艘航母可部署，比"部署间战备计划"下的航母部署能力提高了20%。2009年5月美国所有现役和在建航母的状态如下图，当时，美国有7艘航母是具备部署能力的，完全可以满足"6+1"的需求。

实际上，美国航母并不严格执行32个月的部署周期安排，如"杜鲁门"号航母（CVN-75）2006年12月21日执行完一个周期，为期35个月，在这一周期中保持阶段为期18个月，其中包括6个月的部署，这也意味着，美国航母的实际部署能力并不像理论计算得那样高。

按照"舰队战备训练计划"，美国核动力航母在换料大修前将能够进行9轮部署，每轮部署的可部署时间为18个月，一艘核动力航母全寿期内可部署的时间将长达324个月，占其寿命（50年）的54%。

无论美国采取何种策略，到目前为止，美国航母在和平时期的一个部署周期内的实际离港部署时间一般都为6个月左右，这也意味着，随着美国航母的部署周期逐渐拉长和可部署能力的日益提高，美国航母在母港附近进行训练、状态保持的时间也越来越长，基地（包括航母母港和舰载机驻屯机场）在美国提高航母部署能力中的作用越来越大。

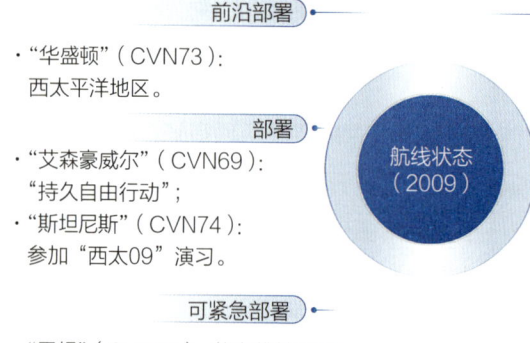

前沿部署
- "华盛顿"（CVN73）：西太平洋地区。

部署
- "艾森豪威尔"（CVN69）：持久自由行动；
- "斯坦尼斯"（CVN74）：参加"西太09"演习。

可紧急部署
- "里根"（CVN76）：能力维持演习；
- "尼米兹"（CVN68）：综合训练军种演习/联合战术部队演习；
- "杜鲁门"（CVN75）：特定能力训练与最终评估；
- "乔治·布什"（CVN77）：飞行甲板认证。

结束部署
- "罗斯福"（CVN71）：4月返抵纽波特纽斯船厂。

维修中
- "卡尔·文森"（CVN70）即将结束换料大修；
- "林肯"（CVN72）在布雷默顿的干船坞中；
- "企业"（CVN65）：纽波特纽斯船厂，入坞大修。

建造中
- "杰拉尔德·福特"（CVN78）：2017年服役。

航线状态（2009）

"舰队反应计划"对水面舰艇维修具有怎样的影响

按照"舰队反应计划"的要求，水面作战舰艇在完成部署任务返回后不再固定开展为期6周的基地级维修。因此，舰队规划部门（N3）必须与舰队维修规划部门（N4）更密切地协作来制订维修规划。3种维修期的规划必须全面考虑应急部署需求、预算和编制体制等要素，并妥善解决基地级维修与持续时间较长的升级改进之间的关系。

首先，应急部署能力是优先考虑的因素。与以往相比，维修部门必须更密切地跟踪舰艇所开展的维修工作。舰队维修管理部门可通过"多舰艇多方案合同"灵活调整舰艇维修工作内容的优先顺序。对于为优先满足快速部署要求而推迟维修的舰艇，舰队维修管理部门也要对其状态进行密切跟踪，确保舰艇在接到应急部署通知后能快速完成履行任务中关键的维修。此外，"舰队反应计划"还要求不处于重大维修期的舰艇要能在96小时内完成部署准备，如无法实现该目标必须要向舰队司令部上报失修报告。

其次，机构整合与调整带来的影响。为实现"舰队反应计划"，美国海军新设置了"维修工作组""系统与装备状态评估小组"等机构，并通过地区维修中心对海军现有的维修力量进行了整合。一方面，新成立机构的职责与职能以及各机构之间的关系仍需进一步明确；另一方面，新整合的地区维修中心与舰队司令部、舰种司令部之间的协作效率仍需进一步提高。

再次，应考虑预算对维修规划与执行的影响。某些财政法律、政策和措施会对海军舰艇的维修规划与执行产生不利影响。由于海军的"使用与维修"经费不能够实现跨年度划拨，因此如果舰艇的维修周期始于某一财政年度而于下一财政年度结束的话，经费拨付就会出现问题。舰队维修规划部门只有进行详细规划并在本财政年度结束前提出内容详细、需求明确的合同或项目才能确保实现舰艇维修经费的跨年度接续，但舰队在财政年度结束前很难有多余的维修经费用于签订此类跨年度合同。此外，每年预算的不确定性也限制了其维修规划的灵活性。

另外，还应考虑对"持续可用性维修"规划的影响。在实施"舰队反应计划"前，基地设在美国本土的非部署舰艇每年规划两次"持续可用性维修"。实施计划后，舰艇每季度要规划一次为期3周的"持续可用性维修"。规划频度的增加有助于舰队维修管理部门解决非部署舰船的问题，但也会对舰艇的预期使用寿命以及部署能力产生负面影响。

最后，还要考虑对持续时间较长的升级改进工作的影响。对航母、驱逐舰及巡洋舰开展长期改进往往会影响到"舰队反应计划"的周期，并与"舰队反应计划"的应急部署要求存在冲突。一般情况下，某一级舰艇从批准升级改进到最后一艘舰船完成改进需要3年的时间。如果优先满足应急部署的要求导致升级改进时间拖延过长，同级最后一艘舰船完成改进后可能存在技术过时的问题。如果优先满足升级改进的要求就会对某级舰船的应急部署能力产生不利影响。因此如何解决升级改进与应急部署之间的矛盾和冲突也成为美国海军着重关注的问题。

整体而言，"舰队反应计划"逐渐灌输了对于战备的新思想，即从使航母可用的传统轮换过程转变为维修结束后3~4个月内应急部署。相反地，传统维修、训练和人员安置过程强调在维修期后的一年时间内使航母为下一个计划的部署做好准备。航母在维修完成后6个月内完成综合训练，更快速地获得了较高的战备状态，且保持时间更长。

舰员检查弹射器挡焰板

舰员级维修的主要内容是什么

- **舰员级3-M系统**

　　航母舰员级维修是由舰长组织全体舰员，为保障航母设备运行而进行的日常保养性质的修复性和预防性维修工作。舰员级维修由舰长管理，副舰长和各部门长具体负责。舰员级维修在航母上进行，按照舰员级3-M系统中计划维修系统规定的内容、方法和步骤进行。该系统是利用计算机来管理维修工作，能及时显示全舰维修任务的清单。这些任务包括何时检查和维修、怎样检查和维修、需要采用何种工具和设备进行维修等，从而使维修工作效率大幅度提高。

　　航空母舰舰员根据需要进行定期的维修作业，主要工作内容是：设施维修，如清洁和保管；系统和部件的日常预防性维修，如检查、系统操作性测试和诊断、润滑、校准和清洁；修理，如将船机电和电子设备的故障定位到最低可更换单元级，通过更换故障插件板将设备恢复到工作状态的修理等；为较高等级的维修机构提供辅助性工作，对由其他维修机构完成的维修工作的核查和质量保证；对所有未完成和已完成的维修工作的记录等。

- **舰员培训**

　　为保证舰员级维修质量，除了为每艘航母编制了3-M系统，美国海军还十分重视对舰员的维修培训以提高舰员的维修水平。在《美国海军航母训练与战备手册》中规定，新上舰的舰员必须在上舰后6个月内完成3-M系统训练并通过维修考核。训练分核心训练和选训，核心训练内容包括下列故障的排除：主机轴承发热，主机润滑压力过大，主机滑油严重泄漏，主机进气；选训内容包括：风门阻塞，主机和轴噪声振动。

对新舰员，除了平时的维修技能抽查外，首次进行一项维修任务前要求必须按保养需求卡对维修人员进行训练，在进行这项维修工作时，必须安排有经验的人员对其进行指导，指导人员须在该维修工作方面具有公认的能力。

美国常规动力航母与核动力航母的工作部门不同，因此舰员级维修也有所不同。美国常规动力航母分为作战、航空兵战斗、航海、武器、轮机、医务、牙医、供应、安全和飞机中继级维修10个部门。核动力航母设航空兵站、飞机中继级维修、战斗系统、损管、甲板、工程和反应堆、医务、导航、作战、供应、武器、安全12个部门。航海（导航）、武器、轮机等部门各负责其装备的使用和维修，供应部门负责购买、接收、储存和发放物品，进行装备统计、零件修理和供应。

美国海军保证中继级维修能力的措施

中继级维修是由来自特定部门的海军军人和文职人员，使用特别的技能，根据定期的计划进行的更广泛的维修作业。航母中继级维修力量主要由航母自身的专业维修力量、编队的供应舰和舰队所属的岸基中继级机构组成。

航母中继级维修机构的维修任务如下：①超出了舰员维修能力的船机电和作战装备、系统的维护、修理、翻修、安装、质量保证、校准、测试和其他与之相关的工作；②培训舰员，提高装备战备完好性和舰船的自修能力；③在战时为前沿部署作战部队提供战损修理和其他应急修理能力。

近20多年来，美国海军舰艇数量呈下降趋势，作为中继级维修力量的修理船均已退役，补给舰的数量也在压缩，海上中继级维修能力难以满足需求。海上中继级维修在大型装备、系统的维护修理，以及战时为海军提供战损修理和其他应急修理方面有着举足轻重的作用，因此美国海军提出了许多措施来保障中继级维修能力。

- **提高舰员的维修训练使其具备中继级维修的水平**

　　例如，美国海军太平洋舰队制定的"海军海上维修训练策略计划"，其主要内容是：根据维修资历和海军士兵专业类型，由具有一定维修经验的中士和上士对舰员进行筛选，根据维修工作需要确定舰员的训练内容，再由具有较高维修技能的人员进行训练，训练合格后发给舰员资格证书。舰员完成维修训练后被分配到航母战斗群的舰艇上，并被输入"作战部队中继级机构维修专家库"。当航母战斗群的某艘舰艇发生故障后，就可以根据士兵专业类别在本部队找到具有这方面维修技能的人员对其进行维修，而无须耗时等待供应舰维修人员的支援。

- **美国海军充分利用现代通信技术进行远程技术保障支援**

　　在伊拉克战争中，美国海军"林肯"号航母战斗群通过"远程技术保障系统"与美国加利福尼亚州圣迭戈的舰船技术保障中心、弗吉尼亚州诺福克的海军综合呼叫中心保持实时联系，进行了大量的远程维修保障活动。

　　根据海军作战部长指令，每艘航母均设有由舰载机中继级维修部、工程部、供给部和武器部等组成的中继级维修机构，负责舰载机起降设备中继级维修支持，通常包括维修、测试、检查以及改造舰载机起降设备部件及相关设备，由执行指定设备中继级校准的专业校准机构实施校准，向受支援的机构提供技术援助，合并技术指令与制造选定的和无现货的零件。

美国核动力航母的基地级维修有何特点

　　以"尼米兹"级核动力航母为例，从服役至今，其维修周期几经修改：1975年服役初期采用的是"设计使用周期"模式；1994年美国海军为其引入

"增量维修计划",把维修周期调整为24个月;2003年美国海军实施"舰队反应计划"后,把维修周期延长至27个月;2006年8月,美国海军将维修周期延长至目前的32个月,在一个周期内,航母要经历部署、待命和维修等阶段。从1994年"增量维修计划"起,根据维修规模的不同,将"尼米兹"级的基地级维修分为4种类型:航母增量维修,约耗时1个月,1万个人工日,在32个月的运营行动周期内进行两次;计划增量可用性维修,约耗时6个月,26.9万个人工日,除非轮到入坞计划增量可用性维修,否则在每32个月的运营周期内进行一次;入坞计划增量可用性维修,每次约耗时10.5个月,44.4万个人工日,每连续两次运营周期进行1次;换料大修,每次约耗时39个月,约326.7万个人工日,在航母寿命周期的中期进行。

在"尼米兹"级核动力航母约50年的计划服役期内,总计将经历32次航母增量维修、12次计划增量可用性维修、4次入坞计划增量可用性维修和1次换料大修。其中,换料大修(RCOH)主要包括以下内容:①核动力推进系统维护,主要是完成与航母核反应堆相关的换料、设备维修、升级和改装等工作,它是航母换料大修中最为核心的内容,也是整个大修过程花费资金最多的工作。②航母干舷维护工作,主要包括舰上各种管系的维护、甲板机械装置的维修、舰上辅助系统的维护、飞行甲板MK-3型蒸汽弹射装置以及MK-7型舰载机阻拦装置的系统升级工作等。③非核动力推进系统维护工作,主要是对航母上装备的汽轮机、柴油机、推进轴系等系统与装备进行改装和升级工作。④舰体、机械与电气系统维护,主要是对航母整个舰体结构、各种设备、平台电力网络的控制与分配系统等进行改装和升级工作。⑤航母作战系统维护,主要是

						航母服役期的前半部分-23.5年									
PIA	CIA	CIA	PIA	CIA	CIA	DPIA	CIA	PIA	CIA	CIA	PIA	CIA	CIA	PIA	CIA
1	1	2	2	3	3	1	4	5	4	5	6	6	7	8	8

RCOH(换料大修)
持续39个月

CIA	CIA	PIA	CIA	CIA	PIA	CIA	DPIA	CIA	PIA	CIA	CIA	PIA	CIA	DPIA	CIA	PIA	CIA	CIA	PIA
17	18	7	19	20	8	21	22	3	23	24	9	25	26	10	27	28	4	29	30	11	31	32	12

航母服役期的后半部分-23.5年

"尼米兹"级航母32个月增量维修计划(IMP-32)

通过对航母指挥、控制、通信、计算机与情报系统进行改装和升级，进一步提高航母武器系统、空中作战、空中管制、防空作战、反潜作战系统的作战性能。⑥紧急和追加性维修，是指在航母换料大修过程中，临时增加的系统维护和升级工作。

此外，为提高航母换料与综合大修的工作效率，进一步降低维护成本，美国海军会将一小部分维护和升级业务委托给一些具有熟练技能或关键设备的团队。

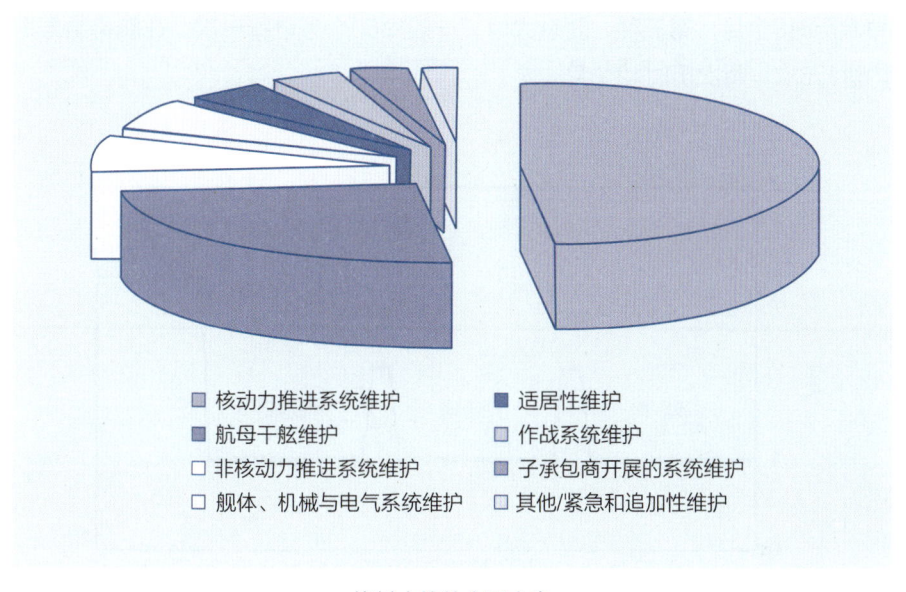

换料大修的主要内容

美国常规动力航母和核动力航母的基地级维修有何区别

美国海军常规动力航母与核动力航母的基地级维修策略不同。常规动力航母的基地级维修主要包括延寿改装（SLEP）、选择有限可用性维修（SRA）和复杂大修（COH）。核动力航母的基地级维修主要包括换料大修（RCOH）、计划增量可用性维修（PIA）、入坞计划增量可用性维修（DPIA）等。其中延寿改装（SLEP）和换料大修（RCOH）又称中期现代化改装，即在航母的服役中期进行全面的大修、系统升级和现代化工作。

常规动力航母，以"小鹰"级航母为例，美国海军对其施行"改进维修"策略，其修理类型主要分为三种：第一种，延寿改装，约在航母服役30年后进行，历时约2.5年，在此期间恢复航母的作战能力，进行系统升级、修理和现代化等工作，经过延寿改装后，航母一般可继续服役15年以上；第二种，选择有限可用性维修，一般每18个月进行一次，在航母全寿期内进行17次，每次历时3个月；第三种，复杂大修，一般每60个月进行一次，在航母全寿期内进行6次，每次历时12个月。

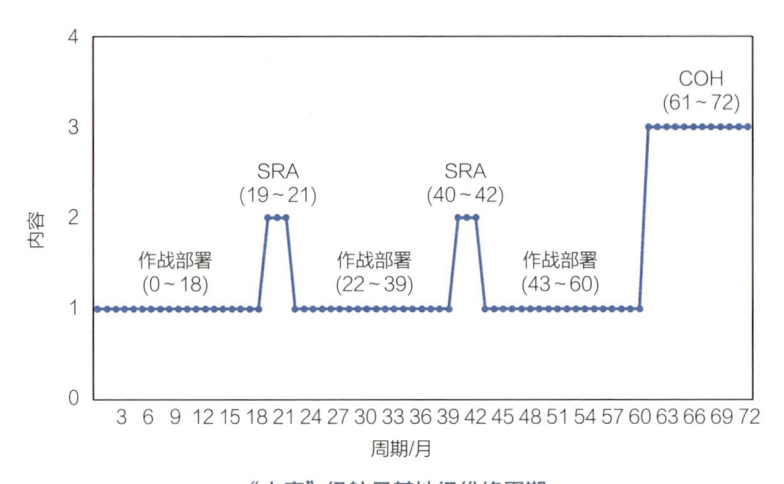

"小鹰"级航母基地级维修周期

美国核动力航母基地级维修施行的是周期为32个月的"增量维修计划"。与常规动力航母"改进维修"策略相比，增量维修计划更好地体现了航母"持续维修"的战略，使工作量和预算量实现平缓增长，避免了大修时出现工作量和预算陡然大增的情况，使船厂的维修工作趋于稳定，有助于更好地维持舰船的总体状态。目前，美国在役11艘航母均为核动力航母，美国海军的基地级维修已转变成核动力航母基地级维修实施的"增量维修计划"。

"乔治·布什"号由拖船牵引进入干船坞，开始维修

如何理解美国航母全寿期维修管理的任务分工

美国航母在使用过程中曾出现设备状况逐渐下降的趋势，这种趋势引起了美国海军和工业部门的高度重视，美国海军引入了全寿期维修管理的概念。全寿期维修管理是指在航母全寿命周期内对各类维修任务开展持续的管理过程。应用全寿期维修管理，可以增加航母维修的效率和效果，最终使设备状况达到舰队标准，同时减少维修费用。美国航母全寿期维修管理包括以下工作：①制订全寿期维修管理方案；②建立舰队器材状况及维修标准；③对照标准，通过测试、检查、测量或评估，定期对各航母的器材状况进行评价；④对各维修阶段的工作进行规划，制定标准化工作包，最大限度提高工作效率；⑤在综合大修、中继级维修、舰员级维修中完成维修工作；⑥进行维修数据的收集和分析工作，包括3-M报告、离厂报告、事故报告，以及其他与航母维修有关的数

"尼米兹"级停靠码头，进行维修

据，并进行反馈，根据反馈数据对维修管理方案和舰队设备状况标准进行修改。

美国航母全寿期维修管理的关键部门有如下两个。

● 职能司令部

职能司令部（TYCOM）负责除航母换料大修之外的大部分全寿期维护保障工作。

● 项目执行办公室

项目执行办公室（PEO）承担所有航母需求和全寿期管理的顶层职能。对于海军舰船建造资助项目，如换料大修，项目执行办公室向海军部长助理汇报研究、开发和采购等事项。同时，项目执行办公室就服务保障等事项，通过海军海上系统司令部向海军作战部长汇报。

项目执行办公室下设的航母项目办公室（PMS312）承担与航母设计、建造和维护相关的所有职能。其中，换料大修的授权管理（包括预算）由PMS312下设的PMS312D办公室负责。PMS312D办公室除了不负责由海军核动力推进项目办公室承担的工作外，既直接开展或管理航母换料大修的预算、计划编制和实施，又同时负责经验教训的累积等工作。

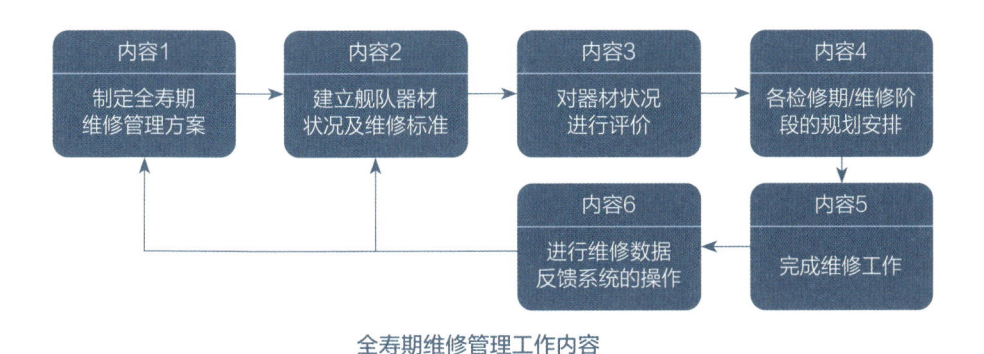

```
内容1              内容2              内容3              内容4
制定全寿期    →    建立舰队器材    →    对器材状况    →    各检修期/维修阶
维修管理方案       状况及维修标准      进行评价          段的规划安排
    ↑                  ↑                                      ↓
                    内容6              内容5
                    进行维修数据  ←    完成维修工作
                    反馈系统的操作
```

全寿期维修管理工作内容

如何制定全寿期维修管理方案

假设长周期下计划增量可用性维修（PIA）与入坞计划增量可用性维修（DPIA）的工作内容不确定，我们也考虑在一艘航母的全寿期内，总的维修工作量是固定的、独立于周期长度这种情况。在27个月周期时间表下，对PIA和DPIA的所有维护与修理工作的人日数进行合计；对固定寿期维护（FLM）情况，将这一较高的人日数按32个月和36个月两种周期分配到时间表中的PIA和DPIA。

可用性维修工作量：FLM情况　　　　　　　　单位：1000人日

月周期	PIA1	PIA2	PIA3	DPIA1	DPIA2	DPIA3	CM1	CM2	CM3
27	169	201	232	299	360	415	N/A	N/A	N/A
32（含CM）	239	275	322	430	489	550	18	21	24
36（含CM）	275	316	370	494	553	621	18	21	24

理论上，维修可用性，例如PIA、DPIA和CM周期，只是一个时间概念，反映了舰船在何时进行维修。从船厂的角度看，可用性非常长，包括的时间范围从开始计划到结束试航和可用性的反馈。反馈阶段作为船厂可用性工作的一部分，标志着工作的实际完成，由此可以规划下一个周期的工作。按劳动力技能的需要，按航母PIA、DPIA和CM周期以及这些船厂支持其他舰船的工作分别讨论船厂工作的全部时长。

- **计划增量可用性维修**

如前文提到的，计划增量可用性维修（PIA）在理论上有6个月时间，即舰船在船厂中的实际时间。PIA也包括先前的计划和配件预先制造时间，以及后续的可用性维修结束时的测试、评估和检查时间。计划/配件预先制造时间可能提前12个月，测试、评估和检查则根据设备进行的维修而有所不同。因此，从船厂工作量规划的角度，PIA的总时长为17~20个月。

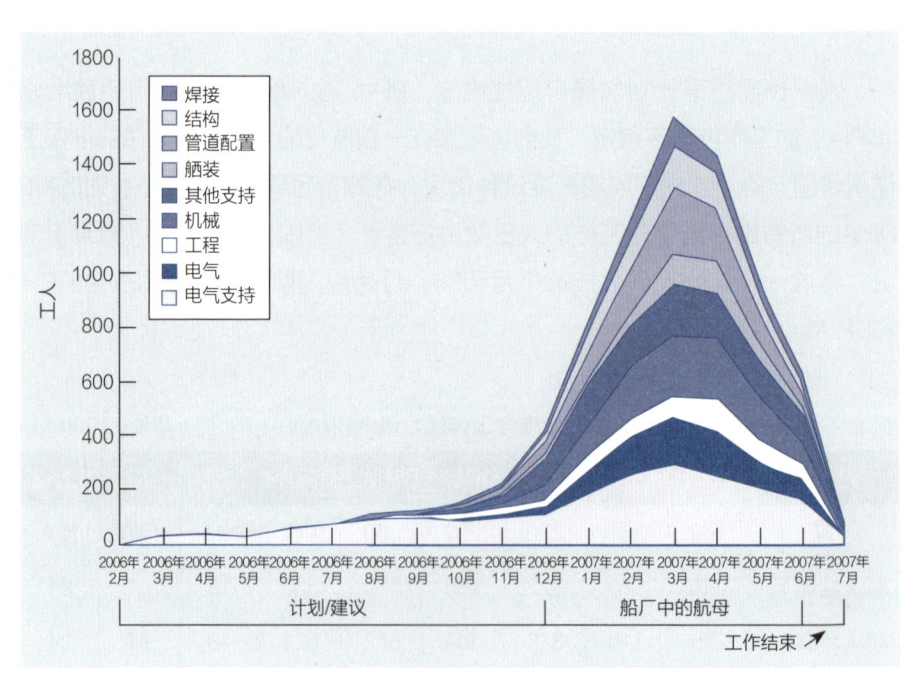

按照职业技能区分的PIA理论特性

PIA的特征按27个月、32个月和36个月的周期分类。可用性维修之间的间隔越长，维修工作量就越多，每个可用性维修所用的人工数量也就越多。在单个周期内，我们的模型显示出PIA和DPIA按技能领域需要的人工日特征，在航母处于船厂内的整个时期有着相似的图形。DPIA特征与PIA有很大的区别。

- **入坞计划增量可用性维修**

　　入坞计划增量可用性维修（DPIA）理论上规划为10.5个月。由于在模型中最小的时间单位是一个月，所以在分析中我们假设DPIA是11个月。DPIA需要航母在干船坞中停留大约7.5个月。船坞内的工作结束，航母移至码头完成修理、维护、现代化改装和测试。DPIA允许维修工人进行船体漂浮完成以前无法完成的水下船体检查和其他维修评估。在DPIA期间，更多的时间被用于进行必要的现代化升级。如PIA一样，DPIA也需要一个计划/配件预先制造时期和一个工作测试期。

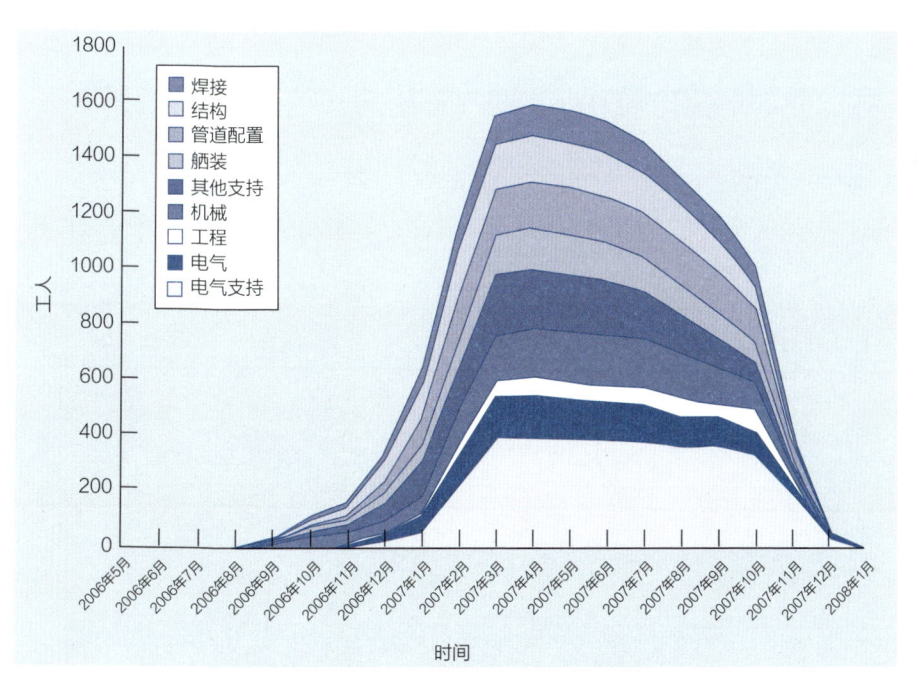

按职业技能区分的32个月周期内DPIA理论特性

- **连续维护可用性维修**

　　如之前提到的，CM是一个发展变化的概念。连续维护可用性维修（CMA）是在舰船母港之外进行的基地级维修工作。更特殊地，CM发生在一艘航母结束训练之后、准备部署之前，在母港中处于主要作战任务（MCO）高峰/准备的时期。进行了初步的PIA之后，CM在舰船较长维护周期（如32~36个月）中的补给可用性维修之间进行，CM的准确时间有赖于舰船的维修周期。

　　之前可用性维修中延缓的以及新出现的工作，可以在CM期间进行。一个CM周期很可能会持续30~45天。每艘航母一个CM周期的工作量是随着其优先的维修需求、可用时间及补给的可用性，以及其他类似的情况而变化的。为进行建模，我们假设CM与PIA的工作量中有相同的职业技能构成和比例。也就是说，我们假设在6个月的PIA中按技能进行的工作日分配比例与30~45天的CM中的分配情况相同，尽管这两者之间实际上是有显著区别的。